好奇心书系
荒野寻访系列

旷野的诗意

李元胜博物旅行笔记

李元胜　著

重庆大学出版社

图书在版编目（CIP）数据

旷野的诗意：李元胜博物旅行笔记 / 李元胜著. --
重庆：重庆大学出版社，2021.1
（好奇心书系. 荒野寻访系列）
ISBN 978-7-5689-2384-2

Ⅰ. ①旷…　Ⅱ. ①李…　Ⅲ. ①博物学—普及读物
Ⅳ. ①N91-49

中国版本图书馆CIP数据核字（2020）第155277号

旷野的诗意
李元胜博物旅行笔记
KUANGYE DE SHIYI
LIYUANSHENG DE BOWU LÜXINGBIJI

李元胜　著
策划编辑：梁　涛
策　划：鹿角文化工作室
封面摄影：白　月
责任编辑：李桂英　　版式设计：周　娟　贺　莹
责任校对：王　倩　　责任印制：赵　晟
*
重庆大学出版社出版发行
出版人：饶帮华
社址：重庆市沙坪坝区大学城西路21号
邮编：401331
电话：(023) 88617190　88617185（中小学）
传真：(023) 88617186　88617166
网址：http://www.cqup.com.cn
邮箱：fxk@cqup.com.cn（营销中心）
全国新华书店经销
天津图文方嘉印刷有限公司印刷
*
开本：787mm×1092mm　1/16　印张：11.25　字数：179千
2021年1月第1版　　2021年1月第1次印刷
印数：1—5 000
ISBN 978-7-5689-2384-2　　定价：68.00元

西沙群岛的春天

　　凌晨，飞机从海口美兰机场起飞，向着永兴岛的方向，一路南下。我隔着舷窗往下看，云团错落地堆积着，层层叠叠、模糊不清。

　　不一会儿，眼前一亮，原来我们已经从云团里飞出，上面是涂抹着朝霞的天空，下面是银质的大海——它仍然沉浸在深深的梦境中，只有表面反射着远方的晨光。我无意中往回看了看，意外发现云海的边缘和海岸线竟然保持着惊人的一致，原来，空中有另一个云雾构成的海南岛，朝阳里，它边缘如火焰，中间如冰雪，美不胜收。

◆ 永兴岛

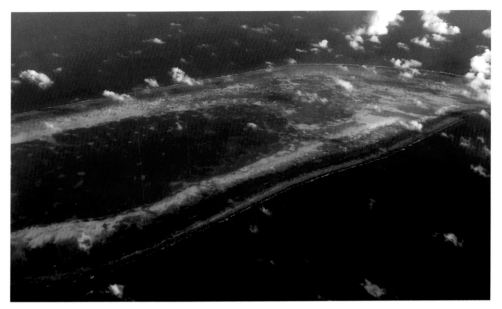

◆ 北礁

　　飞机不等我慢慢欣赏这空中的奇观了，它迅速向前，把我们带到了一望无涯的大海上。在飞机和大海之间，也有云团，但是细碎、分散，和刚才的云海比起来，不过是一些雪白的飞沫。在这个飞行高度，看不到任何参照物，以800公里／小时以上的速度飞着，却又好似一动不动，前方无边无际。

　　试想一下，如果我们是在一艘古老的帆船上，独自面对如此神秘、辽阔的大海，面对似乎永远无法靠近的远方，我们的心该有多么茫然。数百年前，海南岛的渔民远赴南海诸岛，并无任何现代化的定位及导航系统，他们依赖的是祖先们口授的"更路传"或自己手抄的《南海更路经》，在那些用无数生命蹚出来的出海线路上终年往复，他们的心中镌刻着一份自己的海图，有南海诸岛甚至礁石、沙洲的位置，有每个时令的风向和海水的流向。当他们面对空旷的远方时，他们能读到丰富而具体的信息，看似枯燥的海面下，哪里有危险的暗礁，哪里有密集的鱼群。

　　我的视线里，没有帆船，只有被海风塑造的碎云和茫茫海面。和人类目标明确的前行不同，千万年来，还有另一些盲目的旅客，在这样的海面上依循命运的安排旅行着。它们是各种植物的果实，来自大陆或别的海岛，飘浮着到处漫游。咸咸的海水侵蚀着它们，只有一些特殊的有着保护层的果实能幸存。这些天涯浪子，一旦被冲上岛屿，就有可能成为岛屿上的移民。一想到马上就能和这些移民相聚几日，心里就有说不出的欢喜。

◆ 永兴岛，海边礁石里有很多螃蟹，路过都看到了，可惜没有更多时间去仔细寻找

正胡思乱想着，我发现飞机下降了不少，有点像贴着海面在飞了，已经看得到下面的船甚至成排的海浪了。突然，一块巨大的翡翠掠过眼底。是的，细长的半透明的翡翠，我看到的这一部分像纤纤玉指，边缘清晰，中间有着精美的脉络。这应该就是西沙群岛最北端的北礁了。渔民习惯叫它干豆，整体看确实像一枚豆角。早就听说北礁的礁盘巨大，露出水面的部分呈环形，外浅内深，暗礁密布，是渔民偏爱的丰饶之地，同时又是南赴西沙的危险水域，但没想到美得如此惊心动魄。

飞过北礁，永兴岛已遥遥可见，在汪洋大海中，一片耀眼的绿洲越来越近。

◆ 永兴岛上的椰树

时间是一月中旬，我国绝大部分地区都处在冬季，永兴岛却阳光灿烂，一派春光。换上夏装后，我立即快步从宿舍走出来，走进有点腥味的海风中。

西沙群岛没有我们熟悉的节奏分明的四季，夸张一点说，它只有一个季

◆ 永兴岛上的黄槐决明

节，那就是夏季。但仔细推敲，还是能找到季节的神秘律动。

出发前，详细查过西沙群岛十余年来的气候资料，发现它可以分成两个季节：雨季和旱季。雨季大致是 5 月至 11 月，余下的为旱季，毕竟处在海洋中央，这个旱季只是雨水少些，所以也被称为少雨季。如果结合气温，还可以作出另一个划分，即把 3 月至 10 月作为夏天，而秋冬春三个季节则被压缩在 11 月至次年 2 月短短的四个月里。不那么显著的气温律动后面，隐藏着动植物明显的季节律动。

绝大多数物种,在它们的漫长生命史中形成了自己更为深沉的季节律动，并不因为迁徙到四季温暖的地方或环境的剧变就改变这个律动。它们遵守着

◆ 永兴岛上的路牌

◆ 散纹盛蛱蝶，在风大的永兴岛越冬也不容易

古老的潮汐，按部就班地开花结果或交配繁殖。那么，一月中旬，我身边的永兴岛绚丽如夏，实际上一年中的相对最低温刚过不久，温度即将渐次拉升，这不正是大陆的初春时节吗？

一片金黄色的残叶，被风从灌木上撕下来，吹落到草丛里，它持续的颤栗引起了我的注意，这不像是落叶的颤栗啊——我好奇地走过去，啊啊，眼前的这片残叶竟然是一只蝴蝶。这么快，我在永兴岛上就看到了第一只蝴蝶。它一袭旧衣，黑黄纹相间，腹部粗壮，是一只成功越冬的散纹盛蛱蝶雌蝶。它不会直接和海风对抗，而是顺其势，被吹到哪里就在哪里休息，等待在风的间隙里飞起。

它最困难的时刻过去了，眼下要做的，是找到荨麻科的苎麻或大叶苎麻的嫩叶，再产出一堆浅黄色的蝶卵，开始新一波美丽的轮回。看来，永兴岛上必有荨麻科植物啊，我查过的文献里并无此记录。我选择相信蝴蝶，因为植物学家的考察总有遗漏，而蝶类对特定的寄主植物则是性命相托，不可更改。散纹盛蛱蝶的飞行能力有限，飞越大海而来的可能性很小。

比起蛱蝶来，斑蝶的飞行能力为人熟知，它可飞越沧海。得知有机会去西沙群岛的时候，我最先想到的，就是有机会看到斑蝶群，因为西沙群岛正是南下的迁飞斑蝶很好的避难地或中转站。

海风仍在劲吹，我的头发被吹得在眼前晃来晃去。散纹盛蛱蝶不敢高飞，但它倒也不耽误，飞到一朵黄花上吮吸起花蜜来。小黄花是南美蟛蜞菊，著名的外来植物。2008年，植物学家在永兴岛首次记录到这个物种，如今它已星星点点开遍全岛。类似于南美蟛蜞菊的岛外植物，都是伴随着人类活动被无意中带入的。作为成功的移民，它们也兴高采烈地加入到早春的合奏中。当然，它们并非没有天敌，我在蹲下来拍摄花朵时，发现了好几只负蝗，长得很肥，生长旺盛的南美蟛蜞菊给它们提供了取之不尽的食物。

远处的一棵饱经沧桑、形态优美的大树引起了我的注意，远远看着，它有点像菩提树呢。看清树干后，又觉得不像了。菩提树和榕属的其他树木一样，树干很会保持水分，树皮不会出现这么多的纵向裂纹。走近了，发现这棵树上还寄生着别的树，它们的树叶在空中互相交叉，各有各的繁茂。当然，两种树叶差别很大，寄生的树树叶嫩绿，而它的叶子则新旧都有。我低头在地上寻找到它掉下来的落叶，运气很好，除了找到两片带着破孔的叶片外，还找到一段

◆ 去了永兴岛，一定要看看落日

◆ 仙枝花

枯果的树枝，枯果闻起来略有甜香。后来查资料才知道，这可是很难见到的珍稀树种——我国仅在海南有分布的仙枝花。它的花期在夏季，花开出来像一组又一组热烈的橙色喇叭。仙枝花还有一个名字，叫橙花破布木，不太好听，但它把花的颜色、破布般的老树叶表达得很是准确。

正准备继续溜达，却没时间了，同伴招呼我一起乘车，要集体去石岛啦。

石岛位于永兴岛的东北，由裸露的珊瑚岩构成，以前是通过礁盘与永兴岛相连，像是从永兴岛放出去的一个风筝，扯着它的线在海浪里时有时无。如今，已有公路划破海面，直达石岛，观光车载着我们过去，十分方便。

石岛是西沙群岛的最高处，被海风和海水昼夜侵蚀，又在地壳运动中缓慢抬高，如此饱经风霜，让它的崖体显得格外沧桑。设在这里的中国主权碑，更是一个万众瞩目的地标，我在电视上不止一次看到海军官兵在这里庄严宣誓，背景里的白云大海很美，给人无穷联想。

站在石岛最高处，几乎可以 360° 观海，宽阔的视角使这里成为极佳的景点：西边海水颜色浅，成排的海浪拍打着长滩；东边海水颜色深，是望不到边

◆ 石岛

◆ 草海桐

◆ 草海桐的花

的幽蓝。有时鸥鸟掠过，有时万里无云。站在这里，虽然风大，人却可以变得沉静。难怪岛上的人，总爱带客人来这里。乍交之欢，不如久处不厌。这是一个来得越多、站得越久，就越能体会到大海的深邃和丰富的地方。

对于植物来说，这是一个极难生存的地方，只有石缝可供扎根，随时还有可能被狂风拔起。然而，就在这寸草不生，连砂石也无法停留的崖边，却有一簇簇绿色植物长势旺盛，几分骄傲，几分逍遥。

我迎着风，在一簇灌木的旁边蹲了下来，只见树叶排列得很是讲究，就像旋梯一样盘旋而上，直达茎干的顶端，这样的绿色登天梯，还真是少见。我摸了摸叶片，油亮光滑，就像打了一层蜡，虽然是阔叶，有了这个保护层，水的蒸发量就小多了。继续翻看，就在树叶的怀抱里，找到了腋生的花序，上面还有两朵白色的小花。我觉得把花这样藏在密密的叶丛中，也是有缘故的，试想一下，如果花朵开在树梢，伸出在空中，授粉的昆虫估计还没飞拢就被海岸的大风吹走啦。白色的花细看也很有趣，只开半朵，五片花瓣集中在下面，像是展开的带着皱褶的白裙，雅致极了。

好熟悉的花啊。我突然想起，曾在三亚的海边多次拍到它，还查过它的名字，草海桐。没看出来，它在这狂风不止的山崖边，活得如此勇敢无畏。

距草海桐群落20米外，略有积土，生长的植物就很多了。长势最好的是仙人掌。原产美洲的仙人掌属物种是最能耐旱的植物，如今全球可见。我国最常见的有两种，仙人掌和梨果仙人掌。石岛上的是仙人掌，后来我在永兴岛

◆ 海岸边的草海桐部落

◆ 石岛的仙人掌　　　　　　　　　　　　　　◆ 烈日下的厚藤

各处看见的也是这个种。

　　和我们在西南山地看到的长得高高的梨果仙人掌不一样，仙人掌在海滩边为抵抗海风，长得密集、拥挤，就像一群浑身带刺的汉子手挽着手站在一起，花朵像一些黄色的碗，硕大、鲜艳。为什么同样需要授粉的花，仙人掌可以在空中，草海桐却只能藏在叶子下面？原因就在于，仙人掌排列成碗状的花瓣，中间可以避风，蜜蜂只要能奋力飞进去，就可以在无风的小环境里很舒服地采蜜。

在偏碱性的海滩上，仙人掌是植物界的拓荒者，它们发达的根系除了帮助自己站稳脚跟，还能分泌出酸性物质，经年累月之后，就能创造出也让其他植物生长的小环境。

还有一种草本植物，虽然不像仙人掌这样抢眼，但也是海边盐碱地的拓荒者，它就是厚藤。仙人掌的黄花，在半人高的空中开放，而厚藤的紫色喇叭花，却贴着地面悄悄地开着，如果你不俯身向下，有时都看不见。或者，远看以为是遍布全国的打碗碗花，径直走开，那可就错过了。

厚藤的叶子互生，形状酷似马鞍，所以又叫马鞍藤。我总结了一下，厚藤有三个生存绝技：一是叶子身披革质，避免水分蒸发，这倒是和草海桐策略相同；二是贴地茎节均可生根发芽，抗风能力超强，繁殖能力也超强；三是根须入土极深，这样在缺水的地方就更有机会获得水分补充。

正是草海桐、仙人掌、厚藤这样的拓荒者，率领着绿植群落在石岛上安营扎寨，让它沧桑而不荒凉。

在拓荒者们的身后，也有一些值得品鉴的植物，我在石岛上随意寻找，就找到了20多种植物，其中最喜欢的是番杏科的海马齿。番杏科很多种类都属

◆ 海马齿

◆ 海人树

于多肉植物,备受多肉爱好者的关注。不过,中国的原生番杏科种类极少,属于多肉植物的,恐怕也只有海马齿了。可想而知,我在野外相逢这样的孤品有多惊喜。它肉肉的、被阳光晒得通红的叶子,地毯一样铺满了很多角落,也只有石岛才有这样的奢侈。

岛上还有一些相当冷僻的植物,比如海人树,虽是灌木,却有着草本的纤秀,我很幸运地拍到了它的花朵,这可是进了世界自然保护联盟《濒危物种红色名录》的物种,典型的海岛居民。

永兴岛上最繁华的街道是北京路,三沙市政府、中国最南端的邮局以及很多重要机构都在这条路上。北京路两边,全是高大的椰子树。椰子树是海南的标志性树种,在永兴岛上更是,视线所及,几乎都能看到椰子树优美的身影。我从资料上查到,永兴岛百年以上的椰子树多达千棵,这些自带仙气的古树赋予了永兴岛特别的风韵。

在植物中,椰子树是视海洋为坦途的卓越旅行家,它也是最为著名的海漂植物。椰子拥有厚厚的壳,又能漂浮在水面上,因而随着潮涨潮落,任由海流带到世界的各个角落,有合适的地方,它们无须深埋就能发芽。硕大的椰子,

◆ 海人树的花

◆ 渔村里，放在路边的椰子

厚实的果实和椰汁，只供养一个胚胎，发芽后一年多就可长到一人高，五年后就可以结果。

按说，北边的海南岛本岛都有原生椰树，西沙诸岛礁也应有。但根据多数史料，西沙群岛的椰树却是由海南渔民种下的。为什么西沙群岛几乎没有原生椰树，我觉得很可能与洋流的线路有关。椰树源于亚洲东南部和印尼，被潮水带到海洋中的椰子，借助夏季的西南季风，搭乘南海的西南至西北方向的洋流，摇摇晃晃，千里北上，最终被带到海南岛的文昌一带靠岸，使海南岛的东海岸成为原生椰林最多的地方。椰子主要登陆点，倒推它们的旅行线路，应该是阴差阳错地和西沙群岛擦肩而过了。

早期开发南海的海南渔民，以琼海、文昌渔民居多，那里的民众视椰树为家的标志，屋前屋后，必种椰树，椰汁可饮，椰肉可食，椰树下还可以乘凉。当他们以南海为家后，种植椰树是必然的，何况，是那么容易。可以把已发芽的椰树苗带来种，也可以把成熟的椰子直接从船上搬下来，寻找相对潮湿的地方种下。

关于西沙群岛椰树的记录，甚至国外文献里也有提到，比如 1868 年，英国海军部海图局编制的《中国海指南》载："林康岛（东岛）之中央一椰树甚大，并有一井，乃琼州渔人所掘，以滤咸水者。"此岛即现在的琛航岛，这样算下来，琛航岛上的那棵高大的椰树，早就百年有余。

西沙群岛上的椰树，不仅是近代我国渔民耕耘南海的见证，还是几十年来我国军民保家卫国的见证。

20 世纪 80 年代，驻守永兴岛的官兵开始大规模种植椰树，其原因秘而不宣，后来解密后，大家才知道，是战备的需要，紧急情况下，生长良好的鲜椰子的椰汁可作葡萄糖水用。刚开始，种植并不顺利，种下的椰子树活不上两年。后来还是部队政委请专家来调查，才找到了原因，部队种植的椰子树都是两年生的椰苗，它们处在母果营养耗尽，根须还未养成的困难阶段，难以适应岛上土壤稀薄、旱季水少的环境。于是改用刚发芽的小椰苗种植，成活率才达到八成以上。此后十年，仅永兴岛就种下了上千棵椰树。

烈日下，我们来到将军林华美的浓荫下散步，抚今追昔，无限感慨，这些参天椰树是来西沙视察和看望驻岛官兵的党和国家领导人、共和国将军等陆续种下的，有200多棵。将军林始于1982年，时任中国人民解放军总参谋长的杨得志上将种下了第一棵椰树，从此，越种越多，成为"爱国爱岛，乐守天涯"的西沙精神的象征。无处不在的椰树林，使永兴岛成为汪洋大海中的绿洲。

有了椰树林的庇护，岛上的其他高大植物躲过台风的概率也大大增加。黄昏，我在岛上散步，在环岛沙堤内相对低的地方，看到白避霜花花枝虬劲叶嫩绿，它就是大名鼎鼎的抗风桐。在渔村附近，我发现了海滨木巴戟，这也是一种很有趣的植物。它是头状花序，小白花在菠萝形的头上一朵朵次第开放，自下而上。最近几年，海滨木巴戟名声大噪，因为它的果又名诺丽，被发现对

◆ 海滨木巴戟

◆ 去赵述岛，必须乘坐冲锋舟　　　　　◆ 赵述岛民居前的橄仁树，结有果实

人有各种益处，有成为网红果的势头。永兴岛也很赶得上潮流的，毕竟适合海滨木巴戟生长的地方不多，我看到岛上已种植了成片的小苗。

　　第二天清晨，海上气候正常，我们有了登赵述岛的机会。赵述岛位于永兴岛北部，是美丽的七连屿的第三大海岛，是纪念明朝赵述出使三佛齐（已经消失的东南亚古国）而得名。

　　到了港口才知道，往来赵述岛，还得乘冲锋舟才行。看来，地处礁盘之上的赵述岛尚无深水港，除了小渔船，就只有冲锋舟能靠岸了。冲锋舟的坐法也特别，只有两列软垫供乘客骑坐。开出港后，冲锋舟乘风破浪，有时甚至是在海浪中跳跃着前行，耳边是风，脸上是溅上来的浪花，颇有点骑龙出行的感觉。

　　不久，赵述岛就在眼前了，我们上岸回首眺望大海，只见风平浪静，原来我们所经历的远远称不上风浪。

　　我们在岛上漫步，小径干净，植物繁茂，渔村也收拾得很整齐。据介绍，岛上以前条件极差，长住或季节性居住的渔民，除了随船带来的补给，饮用水都要靠天上的雨水。现在岛上已有了海水淡化设备，用过的淡水还可以用来种蔬菜，生活条件和环境都大为改善。在小径旁的草地上，我发现了一些开花的草本植物：假马鞭的紫色花朵开在光秃秃的茎梢上，有点像缩小了的十万错；黄花稔竟然已到盛花期，一棵上面就有20多朵灿灿黄花；一株美冠兰从泥土中窜上来，无叶，却开出好几朵新花。再一想，好像它们的花期都和其他地方区别很大。

◆ 赵述岛上的传统建筑

看过渔村后，我们来到了采螺人作业的地方观光。站在护堤上，我看到的海景太美了：这里海水浅得只齐人腰，采螺人拖着他的船，在珊瑚礁上移动着，就像在一幅湖蓝色的油画里缓缓而行，他的上方浮着几朵白云，云的影子不时滑过他的身旁，而在他和白云之间，是神秘莫测的深海……

当然，我们看到的绝美，于他是辛苦的工作。据说著名的美味红口螺就是这样一枚

◆ 赵述岛上的鸡蛋花

◆ 赵述岛上的采螺人

一枚从水下收集上来的。

我看得简直无法移动脚步,想在这里继续发呆。带我们观光的工作人员说马上要带我们去看岛上的原生树林,我这才紧走几步,和大家一起离开。后来,我为这个场景写了首诗。

赵述岛的采螺人

这湖蓝色的,以及
它怀抱着的其他的闪耀
美得很不真实

像一个人的梦境
……什么样的人
才能创造出如此梦境

采螺人牵着船
踩碎了湖蓝色的镜子
像一个悄悄进入天堂的小偷

放过那个小小的螺吧
放过那个稍大的螺吧
微笑着的神,疼痛着,忍耐着
这湖蓝色的慈悲啊

在渔村的餐桌上
我们品尝着采螺人的收获

鲜美,但有一点咸咸的
那个做梦的人
微笑着,又似乎滚动着眼泪

20190117

我们走到海岛的另一边，来到一个人工搭建的高台上眺望，身边果然是望不到边的树林。仔细看，这树林有三个层次：靠近海一边是一排高大的椰树，它们羽状巨叶几乎遮住了大海；椰树之内，是清一色的草海桐，这连成了片的草海桐，原来排斥性还挺强的，其他树木无法再在它们中间容身；草海桐林之外，就比较丰富了，有七八种乔木灌木一直向岛内蔓延开去。

　　走出草海桐林，从小径进入沙滩，这一边的海又是一番风景，天空万里无云，海安静得像是睡着了，只有海浪在沙滩上卷起很小的花边。我们踏着花边一会儿走到沙滩上，一会儿走过一堆礁石，一会儿又走回树丛里。赵述岛的海，是我看到的最美好的海了，难怪人们说西沙归来不看海。

　　这时，我发现走在前面的人，好几个拿着手机拍灌木上的花。走近一看，原来是一簇银毛树。此树非常奇特，叶片上披满银丝一样的柔毛，看上去毛绒绒的。我还是第一次看到银毛树的花如此密集地开在树的顶端，花朵、花蕾和果实拥挤在一起，精致而又热情。叶片们像摊开的手掌，层层簇拥着花序。资料上说银毛树是四月开花，而赵述岛的却提前到一月中旬就开了。西沙群岛的春天来得真是早啊。

◆ 赵述岛港口

银毛树开花了

南方的
春天三重奏

一

　　这是西南山地中最普通的山谷——金佛山西坡的碧潭幽谷，二月下旬了，整个山谷仍像沉浸在冬日的熟睡中，看起来连身都没有翻过一次。

　　养蜂人刚在城郊过完春节，就急急赶回谷中，他放心不下早春里的蜂桶。那些毫无规则布置在山谷两边岩壁上的蜂桶，看着就像一截截圆木的蜂桶，供养着他全家的生活。他从一个蜂桶走向另一个，头上有鸟鸣，脚下是落叶和

◆ 养蜂人家新修的小楼

◆ 心叶堇菜

◆ 杏香兔儿风的花很精致

◆ 犁头草

碎石，唯独没有花香。有些养蜂人会在秋天收割完全部蜂蜜，然后用白糖让蜂群过冬，他不会。留下蜂蜜，蜂群才更能抗得住这山里的冬天。

即使这样，他仍然不放心，会在二月底挨个检查蜂桶。山谷处在中华蜜蜂保护区，这些蜂群，多数是他诱来安家的，蜂蜜还够不够，有没有意大利蜂入侵，会不会有蜂群弃巢——一切和蜂群有关的，他必须完全掌握。

他一瘸一拐地走着，走得非常慢，大清早的，检查第一个蜂箱就摔了一跤，这让他又好气又好笑。中途，他停下来好几次，忍不住顺着溪沟朝山谷外望，感觉春天还在谷外徘徊。就这样走，也比进山的春天快多了啊！

他忍不住盘算这几公里长山谷的开花次序，金佛山的十多种蜜源植物，就这样顺着山谷，慢慢往上开花，但是在二月里，没有一种能指望得上。

的确，西南山地的春天，沿着溪谷拾级而上的速度是慢得惊人的。从二月中旬，慢慢走到山顶，一千米的相对高度，需要走70天左右，也就是说，春天上升的速度，一周不过百米而已，这样的攀登是何其艰难。

山谷外的田野，即使在二月份，已经有春色点点，稀落的黄色菜花就不说了，田埂两边早春的草花已开得很多。以数量而论，最多的是犁头草和阿拉伯婆婆纳。犁头草一簇簇开着，紫色的花朵倔强地扭着头，一副不想搭理蓝天的样子，花瓣中心，棍棒形的花柱、圆锥形的子房都粗壮有力。阿拉伯婆婆纳就不一样，柔弱花瓣似乎包裹不住两粒硕大的花药，看上去，每一朵都像在咧开嘴没心没肺地笑着。

没有别的蜜源，蜜蜂也会光顾这些紧贴着泥土的花朵，就像在紧贴地面作危险的低空飞行，跌跌撞撞，携粉足上除了花粉还顺便带走些泥土。

这些蜜蜂只需要忍耐很短时间，三月，碧潭幽谷的春天就真正开始了。

◆ 珍稀植物五指莲重楼正值花期

◆ 尾叶樱开花，美如诗篇

　　山谷下口，海拔最低的一带，有些山坡的半空中开出了云雾般的团团黄花，木姜子开花了！在山里，木姜子是春天大幕正式开启的信使，作为小乔木，喜欢开花的它们繁殖能力超强，经常遍布整个山坡。山谷里的蜜蜂闻讯而至，犹如过节般欢喜热闹。樟科植物木姜子，有着西南人的尖锐和善辩。做菜的时候，只需把它的果实或用果实提炼的油，放少许，它就霸占了这款菜的主题，给你以清新的刺激。不喜欢木姜子的人避而远之，喜欢的人会彻底上瘾。木姜子就是有这种能力的植物，简单、粗暴地把人群分为两类。

　　当然，这个季节，山坡上空也还有别的黄花，比如旌节花，它才不会像木姜子的花伞躲在叶子下面，它可招摇了，一长串一长串地悬挂在枝条上，真的很像旌节。

　　空中也不全是黄花，野生樱花也选择在这个时间怒放，在几乎光秃秃的枝条上，一簇簇樱花如一场忽然飘来的大雪。金佛山是短梗尾叶樱的故乡，以这个种为主的数种野生中国樱花，几乎都在游人罕见的山林里自在开放。

　　这场从半空开始的春天，还真是让人意想不到。不过，其他的野花也早就忍不住了啦。从三月底开始，尖叶唐松草开始展露丰姿，像在溪水两边布满了永不凋落的烟花，这烟花还香香的，挂满了露珠。

山谷下口，还有一种山地草花也开了，这就是美丽通泉草。通泉草可是田地里最不起眼的植物，株形小矮，叶卑微，花也是委屈地勉强开着。但是，谁知道她家在山中也有仙女般的姐妹呢。美丽通泉草，就像丑小鸭变成白天鹅之后的通泉草，体态优雅，光彩照人。

不过，春天并不会在山谷的一带停留，在这里，她虽然缓慢地拾级而上，却不舍昼夜地扩大着疆土。追随着她的脚步，所有的林木吐出新叶，灌木和草本植物竞相开花。

溪畔，木香竟然也成片开了，按说即使在山外，木香也是五月份才开啊，莫非它偏爱这山中春天的微凉？木香的领地很小，基本上就在溪畔一带，引种的可能性比较大。但其他的花朵就基本是原生植物了。最低调的是鄂报春，在灌木下面，在绝壁上，甚至在乱石堆里，一有机会就举着粉色的花朵。铁线莲则刚好相反，在它们的眼里，所有的乔木灌木，都不过是花架而已，它们还特别喜欢攀爬到半空，再舒服地垂下来。一般选择岩上生根的淫羊藿也开花了，白色的黄色的花朵像一些伸向空中的锚，也有人说形状像海星。

◆ 尖叶唐松草

◆ 美丽通泉草

◆ 棠棣，城市里看到的重瓣棠棣是它的变型，已不能结果

◆ 晨光移到开花的粗毛淫羊藿之上

现在已经是四月，春天已经来到了山谷的中段，这里离养蜂人的蜂桶已经很近了，这一带的滇黔蒲儿根迎来了花期。蒲儿根是西南城市空地最常见的野花，特别是刚拆去旧建筑的地方，总是蒲儿根率先占领，开出一大堆黄花来。山谷里倒很少见到普通的蒲儿根，叶子厚厚带点革质的滇黔蒲儿根不扎堆，但也不放过任何一块空地，连绵不绝地布满山道两边。

刚刚羽化的剑凤蝶也拖着长长的尾突，来到了山谷，在溪边寻找潮湿的

◆ 山酢浆

泥土补充营养，它的新鲜和轻盈，使另外几只越冬的蛱蝶相形见绌，但它们友好地挤在一起，共同享受着春阳。

还有一些紫色的蝴蝶，永远不能离开枝头，它们是大花飞燕草刚刚绽放的花朵。春风里，它们总是东倒西歪，像喝醉了酒的蝴蝶。

养蜂人的蜜蜂就穿行在这些花阵里，采足了花粉的工蜂，像挑着一对黄

只有非常幸运的人，才能看到金佛山兰

● 早春，牛耳朵刚有花苞

色的箩筐，飞得都有点费力了。

也有蜜蜂不感兴趣的花，但却尊贵异常。比如，悬崖上的一簇金佛山兰，只在这座山开放，它古老而珍稀，椭圆形的叶片紧紧地抱住花茎，黄色的花像一盏珍贵的灯，照亮了整个山谷。但是能看到它并被照亮的人很少很少。对于多数久居山中的山民来说，它也是传说之物。

多数野花都有自己偏好的海拔，在春天向上的台阶里，它们各安其位，陆续开放。但也有例外，比如山酢浆，从山谷的入口，到直逼云霄的山顶，都有它的踪影。当然，它也能服从于各个台阶的顺序依次开放。三月初，山谷入口处的竹林里，就有山酢浆的花朵出现，稀少而矜持，白色花瓣似有银纹，花心处略有美妙的浅黄。然后，山酢浆一路往上开，到了山顶，花瓣已染上了粉色，银线变成了紫线，而且密密

● 一个月后，牛耳朵就进入花期

◆ 在金佛山偶遇橙翅噪鹛

地开成了花团，已经不再矜持，倒有点像游行的群众了。

山酢浆何尝没有记录着春天的行进呢，它们一路开上去的花朵，就像一路走过的春天留下的轻巧脚印。

当春天走完整个山谷，来到山顶，春天最后的庆典就开始了。山顶上的高山杜鹃林到了开花的时节，金山杜鹃、麻叶杜鹃、阔柄杜鹃竞相开放，给茫茫群峰戴上了耀眼的花冠。

这一天，我和朋友看完了盛大的杜鹃花事，步行从上而下穿过碧潭幽谷，有点像以倒叙的方式回忆春天的进程。

在春花的最后芬芳里，我在养蜂人的屋前空地坐下来，喝当地的油茶，听养蜂人如数家珍地讲山谷里从春天开始的各种蜜源植物，讲不同季节的蜂蜜滋味截然不同。春天里的蜂蜜其实很少，养蜂人一般不忍心去割，小心地留给蜂群自用。它们不算甘甜，但最为清新提神，听上去和春天的秉性倒是满符合的。

二

海南岛几乎没有冬天，如果有，那也只是夏天里面的冬天。那么它的春天呢？在这个四季鲜花开放的地方，要感觉到春天的律动，似乎也是一桩有难度的事情。但是，我不止一次在海南好多地方慢慢感受过春天的到来，每一次都能真切地感觉到四季律动的深沉和壮美。

我曾经写过，冬天是生命的一次停顿，在温暖的南国同样如此——生命停顿下来，所有的植物放缓或者完全放弃了对天空和阳光的争夺，仿佛进入了某种深沉的睡眠。

这样的停顿并不因为身处温暖的环境而有所改变。从生命的源头，所有的物种就承载并记录了自然律动的潮汐。大地沧海桑田，能继续存续的物种，都曾努力调整自己适应环境变化。但是那古老的潮汐仍然镌刻在所有生命的原始记忆里。或者，和生长一样，停顿也是生命的必需，能让下一轮生长更猛烈，能让生命更持久……我们的身体，携带了多少古老的奥义？

有很多物种，比我更早地探测过海南的冬天和春天，凭借自己携带的古

◆ 落地生根

◆ 早春，海南岛的草地里，四处可见宽叶十万错

◆ 海南岛早春的凤蝶极少，偶遇统帅青凤蝶

老奥义，它们成为这个海岛的季节信使。

比如草本植物落地生根，海南常见，来自非洲的它们很能适应这里的环境，已逸为野生，占领了很多荒芜的地方。在春天到来之前，它们就竖起了旗杆一样的花柱，然后小心地挂出一个又一个小灯笼，试探着开花，一朵又一朵，当它们进入繁花期，一大片空中的小灯笼在风中摇摇晃晃，春天就真正来临了。落地生根的花事，记录了海南冬天到春天的转换，那些美丽的小灯笼是春天的先驱。

比如木棉，也叫攀枝花，每年二月会如约在海南开放。在落尽叶子的如钢如铁的枝干上，硕大的花朵悄然开放，孤独而又热烈。木棉的树干自幼就长满粗刺，这些桀骜不驯、拒人于千里之外的少年，如今已成风华正茂的中年，曾经的粗刺变成了低调的伤痕，它们不再也无须警惕他人，只顾开花，大有自在英雄的气场。

我不止一次在保亭县的路边仰望木棉，那些花朵骄傲地举在空中，不可接近。海南也基本无人打扰它们，甚至没人捡起它们的花朵。要知道，木棉的花瓣可是非常好的食材，煲汤炒肉都是美食。在以花命名的攀枝花市，老人儿童仰望着木棉的繁花盼着有风吹落它们的画面，特别有趣。

◆ 最小的粉蝶——纤粉蝶

◆ 吊竹梅

同样在空中开满红花的植物，还有凤凰木和火焰木。凤凰木高大繁茂，羽叶翩翩，它的花到夏天才开。火焰木有着巨大的花朵，四季常开，如同举在空中的火焰一般。它们各有其美，但只有木棉称得上是海南春天的信使。

其实很多植物，也记录着季节的律动，只是不那么显眼，需要仔细观察和对比才能发现。比如遍布三亚、万宁海滩的厚藤，四季有花，但花事却有着明显的变化，冬天是花朵最少的时候，春天花朵仍少但却开始勃发新枝叶。从三月起，厚藤的花朵逐渐增加，到夏天时开得最热烈。厚藤的每片叶子，都像非洲人的厚厚嘴唇，而且，如果你仔细观察，它们以

◆ 三斑阳鼻蟌

某种哑语报告着春天到来的消息。三月，你能在厚藤的新叶上找到很多蝗蝻，它们准确地把握了春天各种草本植物的勃发消息，开始了自己的生命旅程。当然，这场大宴也并不是没有风险，厚藤的新叶上也来了早春的猎人，比如螳螂的若虫、猎蝽的若虫，它们也准确地把握了蝗蝻集体出生的消息。

蝗蝻和天敌几乎同时出现，同样的故事，也发生在含羞草的草丛里。海南海滩上的含羞草特别多，它们从二月起就进入了繁花期，叶子害羞，花球却一点也不害羞，总是欢欢喜喜地举着。

海南的冬天，仍有蝴蝶飞舞，那么，蝴蝶是否摆脱了四季的律动呢？恰恰相反，在我眼里，蝴蝶同样准确地展示着冬到春的消息。

冬天能在海南各地看到的蝴蝶，多为越冬蝴蝶，主要是斑蝶、蛱蝶和粉蝶，而且，它们绝不例外地一袭旧衣，有的甚至伤痕累累，翅膀残破。它们以巨大的忍耐坚持着，等待着春天来临。到那时，它们交配、产卵，把后代托付给无边的春光。

对季节更敏感的是凤蝶，它们是蝶国中的春天信使，冬天几乎绝迹。而一进入三月，各种凤蝶的蛹都像被同一个神秘的闹钟惊醒了一样，各自从束缚

◆ 丽拟丝螅

笔者与变色树蜥

中挣脱出来，纷纷羽化。于是从城市到乡野，都能看到它们的身影。这闹钟，甚至与温度无太大关系，它们的出处，应该和生命的出处一样古老。

另一个飞行家族蜻蜓，看上去也超越了季节，一年四季，池塘边都闪动着它们的翅膀，给人很大的错觉。其实，这个家族的很多成员，同样以极大的敏感，探测着春天是否到来。比如，其中喜欢流水的色蟌。

有一个距三亚不远的山谷，我曾于不同季节前去探访。那个山谷还保留着原始雨林的基本风貌，当然，也在经受着为旅游美化而引进的吊竹梅的侵蚀。二月中旬的一个下午，我在这个山谷沿溪而行，走了两公里左右。当晚持电筒又去探访，发现占据这条溪流及两岸的，除了一些野鱼和蟹，还有两个有趣的物种：变色树蜥和细刺水蛙。前者是中国最接近变色龙的物种，能随环境改变肤色；后者是海南特有物种，当晚发现数量很多。从下午到晚上，一只色蟌也没看到。

过了一个月，再旧地重游，景象已完全不同。溪沟已成为各种色蟌的福地，徒步一公里，不超出一小时，竟观察到好几种传说中的色蟌：三斑阳鼻蟌、宽带溪蟌、丽拟丝蟌，特别是后两种，都属极为珍贵的海南特有种。

◆ 异叶三宝木

◆ 剑叶三宝木

而溪畔，也不复一个月前的暗淡，各种野花竞相开放。剑叶三宝木，已经开出好多精致的黄花。异叶三宝木，感觉要迟钝些，好几棵树上，才找到一朵花，不过，这可不是一般的花，它有着极其罕见的黑色花朵。我还找到一株大花紫玉盘，硕大的花朵饱满圆润，不过，它们倒是很低调地一律低垂着头。

这些稀有的山野之花，都是海岛上的本地居民，而且都还没实现人工引种。它们隐于山中，终日与山雾流水为伴，对春天的进程了如指掌。它们冬天沉潜，三四月开始次第怒放，顺从四季的指针，同样是春天的忠实信使。

◆ 大花紫玉盘

三

西双版纳有着特别的季节律动,去过若干次几乎成了半个版纳人后,我的总结是,它有着一个性急而短促的冬天,一个隐于乡野的真正春天,剩下的都只能算夏天了,无非是旱季的夏天和雨季的夏天的区别。

版纳的冬天,来得特别早,十一月进入全年平均气温较冷月份,十二月进入全年平均最冷月份。千万年来,可能是过于厌倦此地无休止的夏天,有一个当地的奇葩植物,日历一样准确地欢呼着冬天的到来,它就是大花万代兰。硕大的花瓣,精致而低调的紫色网纹,也只有大花万代兰这样典雅的物种,才有资格喜欢空气中的微凉。它总是在十月开花,花事蔓延进十一月,看到它的花朵落尽,人们就知道冬天来了。

十二月,勐海县的人终于可以穿一下毛衣了,要知道景洪的人可能都还没机会,因为景洪的气温要高好几度呢。但是,在勐海穿毛衣也真不方便,因为多数时候艳阳高照,如果你在户外行走,还是早早地脱下来拿到手上比较好。

当勐海人还在犹豫今天要不要穿毛衣出门的时候,冬天就已经结束啦。一月,勐海的冬樱花开始盛开。虽然叫冬樱花,其实此时已经是当地的春天了。

◆ 勐海县居民家里种植的大花万代兰

◆ 火焰木的火焰，冬天也不会熄灭　　　　　◆ 炮仗花初开

　　有好几季冬樱花开的时候，我在勐海县城行走，抬头看着它们，觉得它们很灿烂也很孤独。因为在城区好像看不到春天的其他迹象。其实，本来是有一些迹象的。比如低矮的瓦房，那些瓦和墙，都开满了棒叶落地生根的花，像缩小版的旗杆。它们在最冷的时候开花，一月花事最盛，破旧的瓦衬托着新鲜的灯笼花朵，比北方的瓦松好看多了。另外就是炮仗花会开始新一轮的花

◆ 春天的荔蝽若虫

期，每年一月，在相对停顿一下繁花后，它们会大规模地萌发花蕾，为春天准备足够的炮仗。我甚至在炮仗花的花蕾上，看到一只宽背菱螳的若虫，这威猛的猎手，已经在早早地期望着春天到来的大餐了吗？

二月，我从勐海县城出发，驾车经过勐遮镇，来到巴达山中的千年古寨章朗。盘桓大半天，完全被这个寨子迷住了。除了喝到意外的好茶外，我还从来没有在版纳别的地方感受到如此强烈的春天降临的气息。

我们到的时候，冬樱花已经开始凋落，但是村头的那棵冬樱花，还是美得让人窒息。仔细推敲了一下，原来这才是冬樱花生活的地方，古朴、干净的寨子承接着蓝天，这样的背景下，冬樱花才真是好看，阳光重新刻画了它的轮廓，它的细碎变成了精致，单薄变成了剔透，它的低垂仿佛是呼应着下方嬉戏的孩童。县城里的冬樱花，哪有这样的自在，那只是一排排被整整齐齐罚站的学生而已。

寨子里的布朗人，还真是爱花，家家种有石斛，最令人惊讶的是，可能是这里太适合兰科植物生长，连竹楼的屋顶，都自然生长着各种兰花。

在一家竹楼的门前空地，很突然地看到一株报春石斛：完全没有叶子的

◆ 冬樱花

◆ 在冬樱花开放的时候，茶树也开花了。

◆ 冬樱花

圆柱形茎干上，开出几朵饱满的花，花瓣上过渡着浅浅的玫瑰色，白色的唇上也有着玫瑰色的刻线。在二月就开得这么好，真对得起它的名字。空地边上，还点缀着几朵犁头草的花，这不起眼的植物，才是春天的指针，不管是在热带、亚热带还是温带，我都看见它在这个月准时开花。

　　寨子里的多数兰花都是本地种，还在做开花的准备，但是花苞都忍不住从茎干上伸了出来，再有几天阳光，就应该会看到花朵。

　　章朗古寨占据着一个山头，和它遥遥相对的，是一座茂密树林包裹着的山峰。一条小路，把它们连接在一起。我们沿着小路，慢慢走过去，才知道山峰上就是著名的白象寺。一路上别的风物不说，道旁的大树树干上遍布的兰科植物、蕨类植物和别的附生植物，真是令人目不暇接。按说这是旱季，是附生植物最艰难的时候，但是它们多数都水灵灵的，很有精神，完全不像我们在城区看到的那些树上的同类。想来是山里日日雾气弥漫，空气中的水分足够它们活得滋润。

在一株香樟上，我发现了几株附生兰，仔细一看，吃了一惊，原来是大花盆距兰的原生种，花骨朵都已经高高地举起了，有一朵微微绽开，隐约露出里面的流苏。大花盆距兰因为叶形优美，花朵浓密，已是人工种植兰花中的新贵。但是，在乡野里看到原生种，才算真正难得吧。

此次游历后，我慢慢发现，不止章朗古寨，好多寨子及周边，或者说版纳的多数乡野，都比城区里更能呈现出春天的进程。

又一年的三月，我在南糯山上遭遇又一个版纳乡野的春天。毕竟多一个月阳光，春天似乎比上一次更铺天盖地。

村寨里的李树已经花朵稀落，桃花倒是正艳艳地开，梨花还在做着准备。在茶农家里，同样看到不少兰科植物，其中石斛最多。

我们去的这家似乎喜欢铁皮石斛，矮墙上的好多盆都开出了精致的小花。一盆棒节石斛正在开花，这石斛有趣，花朵是一对对地从茎节上发出来的，唇瓣中心有一团黄色，美艳动人。见我低头看得呆了，主人笑了一下，说是从易武那边的菜市场带回来的，你喜欢就拿走吧。我赶紧回答，不不，我只看看。

◆ 炮弹树的花朵

◆ 炮弹树，也叫葫芦树，引进版纳多年，冬天也开花结果

◆ 版纳人偏爱的火烧花树

　　喝了一会儿茶,我忍不住起身了,在寨子周围转了转,发现低矮的茶树带叶芽头已经很肥大了,但是高大的乔木茶好像还没什么动静,看来大树茶在春天里更沉得住气。

此处的茶地，并不连接成片，每个山头都保留着浓密的树林，基本上属原始次生林，生态非常好。在一个林子里，我看到两株高高的开满花的树，一远一近。远的一棵应该是马缨花，花朵层层叠叠，由整齐的叶子拱卫着，仿佛一团彩云。近的这棵，黄色的筒形花朵密密地紧贴在没有树叶的树干上，让整棵树看上去仿佛披着一身火苗。想了很久，终于想起这必定是火烧花树，之前在餐桌上见过，没想到它开花是这个样子，而且是在三月开花。

◆ 村民家家喜欢种石斛，这是一家门前的天宫石斛

原来，在这些寨子里，不止是茶叶里有可以品尝的春天，连树上的花朵，也满载着春天的滋味啊。趁天色尚早，我一路小跑，急急地往回走，我得赶紧劝说我那家主人，一起来采点尝尝。

◆ 百香果的花和果

◆ 菱背螳若虫

艰难的春天

一

这是一个格外孤独和空旷的春天。阳光仍旧明媚，公园里却没有成群的孩子奔跑、嬉戏，湖畔或山上的茶舍也没有茶客聚集。一座座城市和它们的民众，因为新冠肺炎的爆发，似乎被远远隔离在春天之外。我也不例外地禁足在家，无法像之前那样，去城市植物园或远郊某个山谷，在植物们容颜的细微更改中探测春天移动的速度。无法进行我喜欢的田野考察，那就在揪心

◆ 我的江安李开花了

◆ 春天的薄雪万年草

◆ 蓝花丹

着武汉和疫情的同时，埋头写作吧，20多个春天里的田野考察，给我提供了足够的墨水。

但是春天还是来了，透明的春天巨人，人间的欢乐或者艰难，都不影响它坚定而又悄无声息的步伐。埋头于书案的我，也感觉到了它震撼人心的脚步声。

我所居住的是个老小区，当时选了顶楼，虽有漏雨和爬楼梯之苦，但改造后获得一个简易的屋顶花园。为减轻夏天的烈日之威，我做了几处花台，还搞了一个紫藤花架，兼可避小雨。自此，小花园就成了我观察和学习植物的实验室，我能收集到的奇花异卉种子要试播，偏好的热带植物也要尝试压条或扦插。只要有点零碎时间，我都可以观察记录这个过程。在这个特殊时期，小花园不再是观察自然的补充，它几乎成

◆ 屋顶花园的球兰

了我守望春天的唯一瞭望塔。

春节前夕，在有点令人不安的气氛中，我来到小花园，想让自己冷静冷静。很意外的，发现有一棵李树有点异样，似乎挂满星星点点的白霜，定睛一看，它细铁丝一样的树枝上竟吐出了新花。每一朵都小小的，开到一半，像还不能完全睁开的新生儿的眼睛。这可不是一般的李树，它是一棵早李，比其他的李树要早开花一个月，清明节前就会结出李子。它简直是一棵春天的消息树。小区里，红梅紧接着蜡梅开放，待一地落英之后，没什么花了，就像歌剧的序曲之后，全场出现了短暂的寂静。但是，当早李开放之后，春天的正式演出就开始了，美人梅、玉兰、红叶李紧随其后，大地终于回到鲜花的怀抱。真的，早春的多数花瓣都呈现出一种围拢、合抱之势，大地并不是孤单地悬浮在宇宙中的，她由这些短暂而脆弱的小手合抱着，温暖地合抱着。

◆ 每年春节前，我的这棵早李就开花了

这棵早李很矮小，还没有我的个高。我还有一棵李树，是江安李，有15年树龄，就高大多了。一个月以后，江安李就会开花了。不像早李开花这么羞涩，它一大团一大团地开，蓝天下面像灿烂的积雪。这两

◆ 我的桑树是不请自来的，它自己从土里钻出来，年年结果，饱满甜美

棵李树的先后开花，正是春天巨人浅一脚深一脚踩过我的小花园留下的脚印，前一脚浅，后一脚深。无论深浅，雁过留影，都会溅起美丽的白霜或积雪。而且，这脚印还深深地留在每朵李花的子房里，先开的早李苦涩，后开的江安李甜美，它们记录了春天里的挣扎和怒放。

在关于疫情的坏消息中，早李羞涩的花朵给了我莫大的安慰。那一天空

◆ 球花石斛   ◆ 露薇

气寒冷刺骨,也没有阳光,它为什么要选择在这么困难的一天开花呢? 我在楼顶一边跺着脚暖身,一边推敲着,这些孤傲、独立在季节前沿的花朵,带着对坏天气的不屑和抗议,固执地把自己最美好的东西展示出来。茫茫众生中,总

◆ 有一年,我最早看到的蝴蝶,是在屋顶花园羽化的一只菜粉蝶,它缓慢地爬到有阳光的地方,想尽快飞到空中去

有一些不妥协者,替我们登上万山之巅。早李也是这样的不妥协者。寒冬里的逆行,也必然是春天前的先行,它们以疲倦而弱小的花朵欢呼着——春天浩浩荡荡由南向北,严冬已被围城做困兽之斗,而它们正是兵临城下的先锋。

几天之后,重庆出太阳了。好些年前,重庆冬天的艳阳天是很奢侈的。所以有一个不成文的惯例,冬雨后的艳阳天,很多单位都会给员工放阳光假,让大家去江边或者空旷的地方晒半天太阳。重庆人说,冬天晒太阳,能把骨头缝里的湿气晒走。说

◆ 狐尾兰,每年开一枝,
不多开,也不少开

♦ 深夜十点，发现我的鸢尾开花了，实在不想等到第二天，借着手电的光拍了一张

得很形象，也很有画面感。近十年来，可能因为环境的改善，也可能受三峡水库的影响，重庆冬天的阳光不再奢侈，阳光假也终于没有了。耀眼的光线里，我又来仔细看那棵早李，它的花已经开繁，枝干上裂开了很多口子，里面有绿色的嫩芽长出来。如此寒冷的时候，这棵早李全身上下裂开了上百个小口子，然后从伤口中长出花，长出叶。一个生命，要在一个全新的春天活下去，是一个疼痛而艰难的过程。

我决定每天到小花园做操、观察，要让身体保持一个良好的状态，足以承受将来的远足，不能让体力因户外活动的突然减少而下降。

早李的开花，就是沉睡着的小花园的一个翻身。小花园就这样醒了。

常春油麻藤伤痕累累的茎干上爆出了一堆堆小拳头，这些小拳头会慢慢松开，做一个飞翔的手势。是的，它的每一朵花都会变得像一只紫色的小鸟。但是，这个过程非常漫长，整整一周时间，小拳头不过长大了一点点。

养心草是我从山西带回来的，小心呵护下，由一根长成了五根，但是秋天它们就枯萎了。我不知道它们地下的根茎是不是还活着，所以没敢动。现在，从枯萎倒卧的茎干旁，窜出来几十个绿色的头，每天都在长高。

还有好几棵铁线莲，它们的藤干比早李更像细铁丝。这些细铁丝上突然窜出来无数芽头，以惊人的速度开始长高，一天看三次，三次不同样。

大自然就这样展示它的神秘力量：常春油麻藤是时针，养心草是分针，铁线莲是秒针，它们把我的小花园变成了一个有呼吸的活着的时钟。

二

　　我坐在两棵李树之间写作，不时抬头看看远方。

　　从我坐着的地方，可以看到南山。以前这个方向没有高楼，我可以看到南山的峰峦形成的天际线。现在有了高楼，我只能从缝隙里面看看南山。我仍然能看到完整的南山的峰峦形成的天际线，因为我走来走去，不断移动自己，并用自己的想象去填充。如此困难地去看，南山似乎更美了，也离我更近了。

　　南山，是离我最近的一座山，也是我田野考察的一个起点。有一年夏天，我对蝴蝶产生了浓厚的兴趣，没事就往南山跑，记录和拍摄了很多蝴蝶。正在兴头上，可一场雨后，秋风瑟瑟，蝴蝶就逐渐绝迹了。那是一个难熬的冬天，突然喜欢上蝴蝶的我比其他人更急切地盼着春天的到来。

◆ 南山，山矾是春天最香的花，它一开，凤蝶就该出来了

◆ 南山的木姜子开花了

◆ 檵木的花，放大点看，竟有点菊花的意思

　　终于，有一天，天气晴好，我看到路边的红叶李已经开花了。红叶李的花瓣特别单薄，但是花开得密，远远看上去，就像一团团带点粉红的云团。花都开了，南山的春天应该到来了吧，我想。

　　刚好是个周末，我开着车兴冲冲上了山，寻了条小路，提着相机慢慢朝山巅走。走了一个多小时，空气很清新，人的精神也很好。但是，别说蝴蝶，我连一只甲虫都没有找到。小路的两边也没什么可看的，只有蛇莓孤独地开着黄花。

◆ 春天，来家里访花的长喙天蛾

半天很快就过去，日已开始西斜。我突然想到，以前在这条道上能找到蝴蝶，是因为路的两边开满了野花。那么，这个时候，或许油菜花、萝卜花开了，我应该去菜地里找呀。想到这里，我看了看天色，立即快步走出丛林，往坡下走——平坦的地方才会有菜地，走快点应该赶得上。

　　没有萝卜花，油菜花也只开了几朵，田野一片翠绿。一只蝴蝶也没看到，我在田间小路上慢慢地走，穿过成片的菜地，慢慢地有点灰心了。

　　前面是一小块挖过的地，阳光照在那些东倒西歪的泥土上，让这块地像一大块有点坑坑洼洼的金属。突然，有一小块泥土动了一下，露出一丝耀眼的蓝色，只是闪了一下，蓝色就消失了。我停下，犹豫着要不要过去看一下，觉得是眼睛看花了。然后，那一小块泥又动了一下，再次闪过一丝蓝色。

　　有东西！我兴奋起来，小心翼翼地靠近。这是一只残破的琉璃蛱蝶，经历了整个冬天依然幸存着的蛱蝶。它翅膀的反面，本来就像一块锈铁片，和被夕阳镀亮的潮湿泥土简直没法区别。但是不管它多么残破，只要打开翅膀，露出正面，V 字形的蓝色仍然像一道骄傲的闪电照亮整个画面。接着，我发现

◆ 琉璃蛱蝶

◆ 醉鱼草上的各种蝴蝶很多,这是绿弄蝶

了更多的蝴蝶,两只大红蛱蝶、一只黄钩蛱蝶躲在低洼处贪婪地吮吸着潮湿的泥土。它们的翅膀同样残破不堪。

很难想象,脆弱得像纸片的蛱蝶是如何存活下来的。它们躲在避风的地方,不吃不喝,等待着大地回暖。即使春天已经到来,它们也必须熬过春寒料峭。

这天之后,春雨绵绵,温度又变低了。我在忙碌的工作之余,经常想起南山上那几只蛱蝶,不知道它们在短暂的晴日里,是否已经完成了交配繁殖的任务。

又过了一周,我从外地出差回渝,运气很好,是一个春阳明媚的周末。我起了个早,直奔上次那个菜地。让我意外的是,油菜花略略开多了些,引来一些粉蝶、蜜蜂和食蚜蝇,而停过好些蛱蝶的那块地,反而什么都没有了。

我回到车上,转往下一个观察点,那是一个农家的屋后山坡,有萝卜花和大葱,都是蝴蝶喜欢的。

过了很多年，我都记得那个上午的场景：开着花的大葱、萝卜，而比菜地高一些的坡上，白花醉鱼草正迎风怒放，我渴望见到的蝴蝶们，就在几种花之间忙忙碌碌，飞来飞去，很着急的样子。

我最先注意到的，是一只半透明的黑色蝴蝶，看上去很像斑蝶，又总觉得有什么地方不对。后来知道了，它就是小黑斑凤蝶。它拟态有毒的斑蝶，能让部分天敌避而远之。如果这是一个设计或安排的话，那可真是巧妙。

然后是一只比菜粉蝶更小的粉蝶，它前翅有着明显的尖角，尖角带黄色斑点。在一堆菜粉蝶中，很容易错过它。它就是黄尖襟粉蝶。这个蝴蝶我在前一年的四月份曾经拍到过。

最惊艳的，还是拖着长长尾巴的剑凤蝶，它们数量众多，围绕着白花醉鱼草的花穗子上下翻飞，空中全是它们好看的尾巴。

南山上这三个蝴蝶家族，都是早春蝴蝶，它们只在三月底四月初

◆ 大葱花上的小黑斑凤蝶

◆ 黄尖襟粉蝶雌蝶，翅尖上没有黄色斑点

◆ 白花醉鱼草与剑凤蝶

出现，错过这十天甚至一周，就要等来年再见。其他蝴蝶一年可以多代，有些蝴蝶还分为春型和夏型，同时为适应不同的季节，进化出不同的外形。不知道是为了避开天敌还是与取食的植物有关，早春蝴蝶选择了艰难的生存方式，如果这十天全是阴雨天，它们的交配繁殖就会极度困难。它们的生

存非常脆弱。

我真幸运，南山的早春蝴蝶一次见齐。我举着相机，拍到手都酸软了，仍然不舍得罢休。这时，我才发现身边多了一个人，仔细一看，是一位提着剪刀的老者。他微笑着看我忙来忙去，看来已经到了很久。

见我开始收拾东西，他才说，你要是不拍了，我就剪花，明天要卖的。原来他是菜地的主人，要把白花醉鱼草剪去卖钱。

"大爷，你能不能留一棵不剪呀？"我想都没想，很不礼貌地脱口而出。

"你还要来拍蝴蝶吗？那我留一半。"他随口回答道。

后来，每年白花醉鱼草开花时，我都会来看剑凤蝶。有时，我相机都不带，只是匆匆赶来，呆呆地看一阵。有时，我也会带朋友们来看，必须是信得过的不会声张的朋友。我怕人一多，那块菜地就夷为平地了。

我再也没有碰到过那位老者。但是，就算是我到晚了，季节过了，也不再有剑凤蝶，那一丛白花醉鱼草，仍会有一半花穗子在枝头上慢慢枯萎。他向陌生人承诺的，听上去的随口一说，却年年如约而至，有如春风。

◆ 蕨的嫩叶上，藏着一只螽斯的若虫，差点错过了

◆ 欧楂斗菜

三

因为疫情，闭门不出的二月，除了在我的小花园观察，就是埋头写作，或者按照日历的进度，整理往年的早春考察资料。

关于武汉的信息，不断增加的死亡数字，我心中仿佛积压了越来越多的石头。我写武汉，也写别的。写作不能减少任何一块石头，但可以把它们搬动一下，让沉重的心能透透气。

◆ 我养了多年的喇叭唇石斛

◆ 从云南带回的白花珊瑚藤种子，终于在重庆开花

回忆其实是另外一种考察。比如，我常常有意在同样的时间去往同一地点记录物种。然后，把不同年份的资料进行对比研究，会发现很多差异，就可看得出来环境逐年变化的趋势等很多有意思的信息。

在翻开各个年度的早春记录时，有两个年度的文件夹，我很犹豫要不要点开。我已经有很长时间没有打开过它们了。

2020年的春天是一个艰难的春天。但对我个人来说，这是我遇到的第三个艰难的春天。

第一次是父亲病重入院，我和家人轮流在医院陪伴，那年的早春我的田野考察几乎暂停。在医院的时候，我不敢带太有吸引力的书，怕看得太入神，注意不到父亲的状况。我带了一本《植物学》，在父亲入睡的时候翻看。其实我也没有读进去，只是，默念着各种植物的名字，能减轻我心中的惊慌和焦虑。

◆ 紫藤花初开

第二年的早春，父亲还是走了。他的离去像一块巨大的石头压在我的心上。那是一个很艰难的阶段。我对阅读、写作以及田野考察突然失去了热情，即使强迫自己提着相机，行走在云南或者重庆的山野里，强迫自己记录更多的细节，但是很难找到之前与神奇的物种们相遇时的惊喜，读书读到精彩段落时的惊喜。就像微小的闪电击中了自己，那种惊喜似乎能让我的每一个细胞都闪闪发光。现在，书

◆ 紫藤花落尽后，其实仍然很美

◆ 野百合珠芽，其中有少数落到泥土里会发芽

◆ 数了一下，那几株野百合有40多粒珠芽，只取10多粒，尽量减小对生态的打扰。最后萌芽成功的只有一株

◆ 重庆金佛山采回的野百合珠芽，育苗成功，开出了惊艳的花朵

也在，旷野也在，我仍然在它们构成的世界里穿行，但是没有闪电来照亮我。

我还是打开了那个早春的文件夹，虽然照片里全是动植物，但我能看见自己低着头走在山谷里、坐在原野的边缘发呆，我仍然能感觉到那种痛失亲人后的恓惶。

没有闪电，没有惊喜，我仍然选择了更专注的野外考察，制订更完整的计划，每天晚上写更详细的记录，去了很多很多地方，积累了很多资料和心得。再艰难的春天，也不过是一个漫长而黑暗的隧道，你不能前面没有光亮就停下来，你得接着往前走。

暮春的一天，我有一项工作突然被改期了，我查看了以往的记录，这个时间点，正是重庆东郊一处常春油麻藤的繁花期。我迅速整理好装备，驾车就走。

车开出小区，我才发现刚才稀疏的毛毛雨竟变成了中雨，咬咬牙，我仍然出发了。

到了我要爬的那座山脚下，雨已经停了。空气中飘荡着一股尖锐而清新的薄荷味，石阶路很滑，我小心地走着，一边寻找着气味的来源。果然在路边看见一些留兰香薄荷的枝叶，看来有人在这里采集并整理过。很多人烧鱼或吃豆花的时候用它来做调料，想到这个细节，心情一下好了很多。

前面的路越来越陡峭，犹如登云梯，我特别小心地慢慢往上走。知道自己这一阵比较恍惚，我在户外行走时格外小心。因为走得特别慢，反而可以仔细看看路边的植物。悬崖边缘，我发现了一大堆铁线莲的果实，应该是花落后刚结好果，这是铁线莲花事最尴尬的时候，开花的时候好看，果实老熟后也好看——每一颗种子都会拖着长长的银丝。但是，成千上万的铁线莲果实还是让我意外，这条路早春的时候也走过，怎么从来也没看到过铁线莲。也许是之前比较少，今年长多了。也许是太小心地去看路，错过了身边的花。又仔细观察了一下，这种铁线莲的花朵似乎很小，是我没有记录过的，看来下一年还得选更早的时间再来一次。

我正在拍摄铁线莲瘦小的绿色果实，眼睛的余光里，有一小片儿阳光落到了我的手背上，痒痒的。职业的敏感让我稳定地保持着手臂纹丝不动，极缓慢地把紧贴着相机的脸向后拉开。现在我看清楚了，心里怦怦直跳，果然是蝴蝶，一只银线灰蝶落在我的手背上。我的手背特别容易出汗，在野外的时候，蝴蝶到我手背上吸汗已经有十多次了。这是一只羽化不久的灰蝶，翅膀上的银线非常耀眼。我没法拍摄它，因为它落脚的正是我举着相机的手，而交换相机

◆ 常春油麻藤

◆ 重庆本地最常见的野生铁线莲 —— 小木通

◆ 铁线莲种子成熟后，披头散发，银光闪闪

的动作，会把它惊飞。我一动不动，享受着可以这么近距离观察一只高颜值蝴蝶的时光。它就是一个小天使，短短的几分钟里，仿佛唤醒了我身体中沉睡已久的事物。

　　我终于来到山巅上，来到那个罕见的常春油麻藤家族旁边，眼前的景象比我想象的更震撼。伤痕累累的苍劲老藤犹如飞龙腾空而起，盘旋而上。只是，眼前的飞龙，是一条挂满鲜花的飞龙。成千上万的花朵，密密麻麻包裹着几根老藤，每一朵都像紫色的飞鸟。这些花不是同时开放的：最早的已经掉在地上，就像一群小鸟落地休息；晚的还没有吐出花蕊，像是巢中幼鸟，还在闭眼做梦；数量最多的，正迎风怒放，虽然是阴天，但有透进树林的弱光，它们显得格外明亮。

我在山顶上停留了很久。我回忆起整个春天，回忆起在野外碰到的每一个精彩的生命——它们都在帮助我唤醒我……我庆幸自己的坚持，奇迹从来不是突然出现的，走出黑暗的隧道也是一个漫长的积累的过程。压在心里的石头还在，它只是安静地退到了某处阴影中。

写到这里的时候，春天巨人的脚步已经踏到我的身边，江安李开花了。掐指一算，我禁足家中已经40多天。全国各地的医疗人员，冒死奔赶，拯救武汉。我们的禁足可以减少他们的负担甚至牺牲，值得。

这个春天，终于走过了最艰难的时刻，很多好消息传来，我的朋友们也陆续复工。我在社区也申请到复工证，可以自由进出小区了，明天，我就要上南山。重庆的旷野中，凤蝶应该出来了，我希望自己是第一个见到它们的人。

◆ 银线灰蝶

常春油麻藤

南岭三日

一

中午，烈日，我背着包，眯着眼，一个人站在三岔路口。

从韶关市辗转来到这里，离南岭国家森林公园已经很近了。长途车的司机说，这个时间没有班车，但是摩的多，可以载你进去。确实有骑手，但经过我时都不搭讪，只是怪怪地看我一眼就走了，都没减速。

我想了一下，不禁笑了，可能是我奇怪的装束，让他们有点敬而远之。这是我这次广东之行最热的一天，我的厚衣服都脱下来塞到了包里，结果是圈枕（我长途旅行的必备）再也塞不进去了，只好让它继续圈在脖子上。我倒无所谓，路人的观感可能就有点惊悚。

他们不搭讪，我可以主动点。于是，下一个骑手的身影远远地出现时，我就朝他使劲挥手。他果然减速靠了过来，是位看上去很朴实的中年人。

"师傅，能载我去森林公园吗？"

他犹豫了一下："家里人在等我吃午饭。"

他这么一说，我才发现，其实我也很饿了。我赶紧说："要不我跟你去吃饭？吃完你再送我，两全其美，饭钱我另外给。"

他很惊讶，但马上就咧嘴一笑："好啊。"

一个小时后，同一辆摩托车载着两个吃饱了的人，到了南岭国家森林公园门口。

我在网上订的民宿，就在森林公园门口，但是，连公园的工作人员都没听

◆ 亲水谷的步道

说过这家民宿。好在有联系电话,我拨了过去。对方淡定地说:"先生休息一下,车马上来接你。"看来,这是一个商业伎俩。在地图上把民宿放到公园门口,肯定能获得更多的业务。

又来回折腾了半个小时,我才进入森林公园。既然是下午才进来,我就没打算晚饭前出去,干脆就下午的考察和夜探一并搞了。我选了一条难度很小的线路——亲水谷,据说游客不用两个小时就走完了。我计划用6个小时,最后的两个小时用来夜探。我非常喜欢一个人在空旷的深夜山谷中工作,现在机会来了。

下午3点左右,我来到亲水谷的谷口,见树下阴凉处有水泥桌椅,就取下背上的包,准备先整理好器材,免得进去后发现有意思的东西,再手忙脚乱摸器材。

◆ 象甲

刚放下包,相机都还没有取出来,突然,我眼睛余光发现有一个东西在动。我几乎是本能地停下一切动作,就像一个被按了暂停键的木偶人一样。只有这样,才不会惊动附近的活物。我迅速看清楚了,就在我背包的阴影里,有一只象甲正缓慢而坚定地往外爬。

　　这是我从未见过的种类,从特征上看起来是象甲科的。我越仔细看越惊讶,它实在不像一只活生生的昆虫,因为它全身的铠甲,都是由一种明亮的线密密麻麻编织而成的,而且,它仿佛是从一个熔炉里爬出,带着没有完全熄灭的火焰和烧焦的铠甲。这是什么样的熔炉呢?从色调上看,应该是西方神话里的炼狱,所以它看上去有一种惊悚之美。

　　它派头十足地从我面前爬过,一点没有犹豫,也一点没有要停下来的意思。它有自己在世间的生活目标,对别的全无兴趣。

　　我拍了几张之后,顺便抬头,仔细看了看旁边这棵树的树干,不由得一惊——那里有一对仿佛闪着荧光的小眼睛,正在警惕地盯着我。是一只雄性蚁蛛,它完美地抄袭了蚂蚁的外貌,但骗不了我,它藏起来的一串小眼,假装成蚂蚁的大颚的螯肢,多出来的双足,我都看在眼里。其实更大的不同,是它

◆ 蚁蛛

的行为模式，走路的时候一跳一跳的，这可不是蚂蚁的风格。

甚至，我还看出了更多的状况。这只蚁蛛，过分关注地盯着我这个庞然大物，放松了对环境的警惕，已经陷入极其危险的境地。有一只体积更大的蜘蛛，不是走直线，而是用诡异而又飘逸的"之"字形走位，像一位古代的刺客，突然靠近了它。这是一只唇形孔蛛，和蚁蛛同属跳蛛科。孔蛛有很多复杂的捕猎技巧，比如晃动蛛网诱捕织网蛛，比如"之"字形接近猎物，它们的行为表现出很高的智力，让研究者们震惊不已。

我还是第一次在野外看到孔蛛呢，而且还有可能拍到孔蛛捕猎，我赶紧举起了相机，不料相机里面的视野竟空空如也……狡猾的孔蛛发现了我，它紧缩成一团，像一个伞兵从树干上垂直落下，拖着一根细细的丝线。果然是一个敏捷的家伙！

叹了口气，我背上包，朝着溪谷里走去。亲水谷是典型的喀斯特地貌，溪水并不是很平顺地流着，而是左冲右突，不时还来个跌水。这样的冲击，造成了很多壶穴。如果从空中俯视，亲水谷的水潭们一定像一串翠绿的珠子。步道

◆ 厚唇孔蛛

做得很自然，陪着溪水左弯右拐，向下游延伸。我的左边是溪水，所以主要是歪着头看右边山崖上的灌木和藤蔓，各种野花很多，相当养眼。有一种密度很大的藤本植物引起了我的注意，花瓣红色，很精致，倒挂在藤上。花很像革叶猕猴桃，叶子却没那么坚硬，倒有点像海棠猕猴桃，但又不是后者的心

◆ 邻烁甲

形叶，那么应该是条叶猕猴桃。我对它的果实产生了好奇：会是什么形状？好吃吗？猕猴桃属的果实，在野外碰到了，是很值得试吃一下的，虽然都有很强的酸味，但是每一种都酸得不一样。

正在胡思乱想，一个影子从面前斜斜地滑了过去，我猛一抬头，一只不知道来处的蝴蝶，像一只断线的风筝摇摇晃晃栽向灌木丛，快碰到那些凌乱的

◆ 条叶猕猴桃

◆ 悬钩子种类很多，这是寒莓，刚进入花期

◆ 紫花地丁的种子

树枝时，它才轻轻扇动翅膀，把身体升高一米多，然后它又停止扇动，再一次摇摇晃晃向着灌木丛俯冲过去，简直像在炫耀飞行技能。如此几个来回，它终于寻了个缝隙，飞了进去。

这只斑蝶好古怪，难道里面有寄主植物？我赶紧跟过去，想看看它是否在产卵。

那是一丛高大的灌木，我一眼就看见了优雅的它，绢质的翅膀，黑白相间的色斑气质不凡……只是，它的触角末端没有膨大，竟然是一只蛾子，从它的特征来看，应该是一只斑蛾。斑蛾有很多种类喜欢在白天活动，外貌也神似蝴蝶。且不管它是蝴蝶还是蛾子吧。它的优雅和美丽千真万确，就在眼前，我简直看得入了迷，后来经昆虫分类学家张巍巍查证，这是十分罕见

◆ 摩尔点锦斑蛾

的摩尔点锦斑蛾。

亲水谷的蝴蝶也很多，凤蝶在头顶飞，眼蝶在灌木的阴影里扑腾，蛱蝶胆子最大，经常就停在路边吮吸潮湿的泥土，一个小时里，我目击的蝴蝶有13种，眼下是仲春，估计夏天的蝴蝶会更多。

蝴蝶虽多，我几乎没怎么拍，路边的都常见，而且并不完好，飞着的又够不着，拍蝴蝶需要的是机缘，找到了蜜源植物或它们补充水分的地方，就好办了。

有一只连纹黛眼蝶，和我之前在重庆看到的略有差异，而且新鲜完好，应该好好拍一下。我小心地跟着颇不安静的它，在路上来来回回，足足有十多分钟。本来，有一次机会来了，它停在一块石头上一动不动，正窃喜间，一波游客热热闹闹地路过，直接把它惊飞到了高高的灌木上。过了很久，才飞下来。耐心总是有回报的，我很舒服地拍了一组。

和蝴蝶比起来，野花似乎更多。

大多数杜鹃的花期已过，但由于此处的杜鹃种类丰富，有一些才刚开花，我记录到两种，都是我没见过的。其中一种特别矮小，长在崖上，粉色花朵精致地聚在一起，上方的花瓣有红色斑点。南岭国家森林公园位于广东省乳源县，而这种杜鹃的名字叫乳源杜鹃，可见这个美丽的种类正

◆ 连纹黛眼蝶

乳源杜鹃

◆ 秃柄锦香草　　　　　　　　　◆ 钝叶唐松草

是在这一带发现的。乳源杜鹃已经是大名鼎鼎的园艺植物，看到过的人不少。但是在野外看到原生种的机会还是不多的。

　　野牡丹科植物的花朵，在南方的山上，总能见到，此地也不例外，正值花期的是秃柄锦香草，虽然它的名字里有个草字，但锦香草属的所有种类都是地道的灌木，我很喜欢它们的花朵，以伞形聚在一起，像一群年轻人拍合影时的笑脸。

　　我偏好的兰科植物，只找到一种石豆兰，没有花。草本植物的野花里，我拍了蕨叶人字果和钝叶唐松草的花，我偏爱这类带点仙气的花。常山也开着紫色的小花，金鸡纳霜还没有出现的时候，我们的祖先是靠常山来抵抗疟疾的。

　　正是为了观察常山的花朵，我靠得很近，意外发现了一种从未见过的花天牛。到黄昏的时候，我统计了一下，记录了20多种昆虫。其中，我最惊喜的是观察到了褐顶扇山蟌，这是一种大型豆娘，它标志性的特点，是前扇的顶端有一个显眼的褐色斑。扇山蟌这个家族，我在野外只碰到过两次，都是一两只，而这个下午，我至少目击了20多只，也观察到好几对正在交配的。

　　夕阳还照耀着山峰的时候，谷里已是暮色沉沉，我找了个地方，第一次坐下来休息。这是一个尴尬的时间，蝴蝶、蜻蜓没有了，也不适合观察野花，而

◆ 石豆兰

◆ 蕨叶人字果开花了

◆ 常山花上的花天牛

夜间活动的昆虫还没出来,我得再等等。

　　就在这个时候,我感觉附近有什么响动,像一个小孩儿的轻微脚步声,我转脸过去看,模糊的山道上什么也没有。但我相信自己的听觉,继续望着那个方向,几分钟之后,一条黄色的狗从灌木的后面怯生生地走了过来,在一段距离以外站住,很谨慎。这是一条迷了路的狗吗? 和主人相互走丢了?

　　我站起来假装要走,它赶紧一溜小跑跟过来。我回到原处坐下,它又跑到一段距离之外站住。通过这一个回合的交流，我算是知道它的想法了。深夜赶路，有一个同伴一起胆子大点，但我不是它的主人，不可过于亲密。

我人生第一次带着一条狗进行夜探。我的手电沿着山道扫射着脚下、水边和灌木丛，这只半大的狗，很礼貌地跟随在后面，和我保持着两米左右的距离。扫射灌木丛，就不用解释了。扫射脚下既是为了看清路，也是为了避免误踩到蛇，南岭可是有大名鼎鼎的莽山烙铁头的；扫射水边，是带着侥幸心理，看是否能碰到蛇或者蛙类。

◆ 交配中的褐顶扇山蟌

大约两个小时的夜探，没有特别的惊喜，但观察到的东西还真不少，除了昆虫，还记录到一些蛙类、蜗牛，有种蛞蝓有迷彩色斑，后来查到是双线嗜黏液蛞蝓。值得一提的是，手电的光柱

◆ 褐顶扇山蟌

◆ 双线嗜黏液蛞蝓

◆ 亲水谷的栉角萤很多，天色暗下来后，它们就变成了空中游荡的小灯笼

在水边，扫描到一条竹叶青，它一直在石堆里溜来溜去，估计是寻找蛙类。我还很少在灌木丛之外看到竹叶青，可惜隔得太远，没法拍摄。

有一段路，萤火虫很多，我干脆关了手电，慢慢在飘荡着小灯笼的空间里往前走，像是在一个童话世界。夜深人静，一个人，一条狗，星星点点的萤火虫，如果画出来，应该很有意境。

走出亲水谷，回到主路上，时间是晚上9点左右，这个时间结束夜探，其实还早了一点。以我的经验，晚上10点之后，才是夜探的巅峰时刻。

有一辆车缓缓向山上开来，快到我跟前时停住了，司机探出身来，很大声地喊我："是李先生吗？"

原来，民宿老板是一对小夫妻，见我下午进山以后一直没回，非常担心，在公园大门等了一阵，干脆开车进来寻我。

心里一阵温暖，而且有点儿惭愧，我应该事先给他们讲一下我的计划的。

我上车前，回头看看身后的狗，它居然已经不见了。看来，到了主路上，已经是它熟悉的地盘，可以一路小跑回家，不需要我的陪伴了。相忘于江湖，挺好。

二

第二天我起了一个早,我要完成一个据说是不可能的任务,即在一天时间内,登顶小黄山然后穿越瀑布群。

前一天晚上,民宿老板听说我的计划后,连连摇头,说没有游客能够完成的,何况你还要拍摄和记录。但是我没有更多的时间了,我想安排一天去没有游客的野山,这里毕竟是重量级的自然保护区,相对未被人们打扰的区域,可能会有更多的发现。

◆ 小黄山版迎客松

我如愿坐上了往山上的头班观光车,雾大,车窗外什么都看不见。到了爬山的地方,雾开始慢慢散开,就像下过一场小雨,身边的一切都湿漉漉的。

我停下脚观察的第一株植物,是一株猕猴桃,花朵红色的,十分硕大。野生的猕猴桃还很少看到这么大的花朵,难道它是栽培种,逸为野生?那它要

◆ 小黄山远眺来路

◆ 毛花猕猴桃

结果可能就有点儿困难。有些栽培种，靠自己是没法授粉结果的，需要在果园里专门种植负责授粉的藤本才行。后来请教了专家，原来是毛花猕猴桃，野外还真有花朵这么大的猕猴桃。

有一阵，我几乎是专注地在爬山观景，一是因为雾中没法仔细观察动植物细节，二是小黄山还真是奇崛有趣。如果说黄山是气势磅礴的古风，那小黄山就是一首七律，不对，更应该是七绝。慢慢走到七绝的最高处，一个人是最适合的。这首七绝的骨架是险峻的峰峦和悬崖，肉体却是各种苍劲的松树。走着走着，可能只有我注意到，它还有着紫色的装饰，漫不经心的装饰，却生趣盎然，美妙无比。

我说的是这山道上的几种草本野花，它们隐身于雾气中，偶尔露出一抹紫色。

最先看清楚的是韩信草，它们的花朵像整齐的紫色喇叭，层层排列，却又

◆ 韩信草

◆ 狭叶香港远志

统一朝着一个方向,这在野花中是少见的。岭南多蛇,而韩信草是有名的蛇药。这两个东西同在广东最重要的原始森林里,相生相克,造化似乎大有深意。

正在开着紫色花的,还有远志,它们的花枝总是漫不经心地斜斜逸出,花朵形如鸡冠,又挂着好看的璎珞。如果说韩信草的花像军乐队,那远志就像潇洒的飞天琵琶女,同是紫色,却是两种完全不相同的气质。眼前的远志叶子狭长,后来请教了徐晔春兄,这是狭叶香港远志。

给我惊喜的是,密布悬崖上的长瓣马铃苣苔正值花期,前面两种紫色都浅浅的,只有它是深紫色,是那种孤注一掷、毫不退却的紫,这样的紫聚拢在它深深的喉部,让人觉得那幽暗的通道,似乎连接着另一个空间,而紫色正从那里源源不断地输送到我们这个世界来。

在各种紫花的召唤、陪伴下,我不知不觉登上了最高峰,此处建有一阁,我上去逛了一圈就下来了,只是看看,略不过瘾,要是可以坐在上面,慢慢喝茶就更好了。

之后,就是如飘带一样扔向深谷的陡峭石梯,几乎是垂直向下,我不敢大意,缓缓下行。到了比较安全的地带,才重新开始沿途观察。此时,阳光射进了森林,石梯路是树林中的唯一缝隙。林缘路口、林中空地都是寻找蝴蝶

◆ 长瓣马铃苣苔

◆ 广瓢蜡蝉

◆ 叶蝉若虫

和其他昆虫的黄金地带，以我的经验来看，石梯旁的栏杆，较之相对矮小的灌木，更是附近昆虫喜欢待的地方。

我贪婪而急切地看了左边又看右边，脑袋像个拨浪鼓忽左忽右，虽然行状古怪，但是搜索起来效率奇高。经验总是有用的，我很快就有了收获，就在栏杆上，发现了娜福瓢蜡蝉，这是我在野外再次与这个物种相遇，上一次是在贵州茂兰。娜福瓢蜡蝉有着非常好的伪装术。它们有如身着迷彩服，在青苔斑驳的树干上，是很难被发现的，而在石栏杆上，我很容易就找到了。陆续发现了三只，个头都还挺大。

接着，我又发现了一只更漂亮的瓢蜡蝉，整个身体有如半透明的琥珀，有

◆ 娜福瓢蜡蝉

◆ 肥角锹甲与指头的大小对比

着隆起的叶脉一样的纹路。是瘤新瓢蜡蝉？我曾在海南五指山与之偶遇，我还记得第一次见到它时的激动。有呼吸的宝石，就是我对它的印象。但是，进一步观察，发现它的喙明显更突出，前额多出一道纵向的红线。看来，这是我从未见过的物种。后来，我的分类学家朋友告诉我，这属于广瓢蜡蝉属的种类。

穿过一片树林，还是在栏杆上，我同时发现了两个有趣的昆虫：一只通体浅黄色，是叶蝉的若虫；一只是小型的锹甲，体长1厘米左右，我觉得是某种肥角锹。想起有人说过，小型肥角锹是喜欢群聚的，为啥这一只孤独地在栏杆上发呆呢？

我仔细检查了附近的树，看有没有分泌物旺盛的树干，那可是成年锹甲的公共食堂。我还真找到了它刚去过或者正要去的公共食堂，那是一棵伤痕累累的树干，足足有30多只肥角锹在那里快乐地聚餐，十分壮观。

我非常庆幸自己没有放过小黄山，一般来说，登顶之类的景点，往往游人如织，很不适合野外考察，我都是放弃了的。之所以选了一早来，是因为这个点游客少，更重要的是，深谷里要十点后差不多才有明亮的光线，早上的时间不可白白放过。

我在小黄山景区记录到的野花有10种，昆虫20多种，半天时间，收获满满。其中，猕猴桃属的就有3种，估计还有没发现的，这样想来，还真是个野生猕猴桃的王国。不是季节，尝不到，遗憾。眼前可以食用的野果，是两种悬钩子和小构树的果实，后者树叶像桑叶，果实与悬钩子类似，但是口感差点。

回到公园主路上时，正是中午，我买了矿泉水后，就急急往下一个景区走，倒不是我想赶路，我从来不是赶路的人，而是正午的烈日下，公园主路并无遮挡，也没有什么可拍的，不如尽快到瀑布群去。南岭国家森林公园的珍贵蝴蝶很多，比如曾发现过堪称国蝶的金斑喙凤蝶。我希望此行能多看到一些从未见过的蝴蝶，五月末的瀑布群，正是蝴蝶们喜欢逗留的地方。

兴冲冲地进入瀑布群景区，身上立刻凉爽多了，同时，也觉得有点失望。倒不是对一连串瀑布形成的各种景致失望，而是这个山谷远比外面看到的狭窄和陡峭，多数地方阴冷无光，并不是蝴蝶喜欢光顾甚至形成群聚的环境。更巧的是，走在我前面的一组大学生模样的青年，有男有女，有一位还手持抄网，看上去像是生物专业来野采的。这里属于南岭国家级自然保护区，如果不是专业对路，手续齐全，在这里采集标本估计很快就会被带走。我暗叫不好，如果他们用抄网在前面左一下右一下一路扫下去，我在后面就什么也看不到了。

这时，有一只硕大的蝴蝶飞过他们头顶，落在灌木丛中，我看出来是

◆ 小构树的果实

◆ 瀑布群里的小瀑布

潮湿的瀑布群景区到处长满小蘑菇

◆ 鹿蛾

白斑眼蝶,眼蝶中很少有这么大的。虽然常见,但它落的位置好,可以不费力地拍摄。我路过时,自然顺便拍了一组。

奇怪的是,那几个人拿着手机,对蝴蝶全无反应,只顾讨论如何取角度才能把人和瀑布都照进去。看来,他们的作业完成了,进谷只是观光。我松了一口气,为防意外,还是快速前行,把他们远远地甩到了身后。

瀑布群还真是名不虚传,每有一段陡峭的石梯路出现,就会听到瀑布的声音,再走一段路,或者转个弯,瀑布就在眼前出现了。我一边观赏瀑布的景致,一边沿途寻找感兴趣的动植物,路上游客比想象的少,倒也惬意自在。

水泥栏杆仍旧是我的搜索重点,我再次看见了硕大的娜福瓢蜡蝉,看来这个种类的密度很高。有一对浑身是刺的铁甲,把栏杆当成了它们幸福的阳台,公然在那里交配。跳蛛则把栏杆作为自己的狩猎场,我发现了好几只

◆ 白斑眼蝶

跳蛛，都是逍遥地走来走去，看看有什么猎物。在灌木上，我找到了丽纹广翅蜡蝉,我爱死它翅缘类似眼斑的图案了,总觉翅膀两边各躲了一只小鸟。

虽然没有蝶群，但瀑布群的蝴蝶还是不少,可惜飞着路过的多,落下休息的少,我没有什么机会接近。

在虎口瀑，瀑布飞沫形成的水雾中，一只翠蟌蝶起起落落，似乎很享受水雾的清凉。我一边观赏，一边准备好相机，等着机会出现。十几分钟过去了，没有被我惊动的翠蟌蝶终于落了一次在我身边的灌木上，只停留了几十秒，便又飞走了。对我来说，几十秒已经足够了，我用了不到十秒钟就完成了探身、对焦、拍摄全套动作，然后乐滋滋地看拍摄结果，原来是一只广东翠蟌蝶，一种

◆ 绿色螅

◆ 鳞纹肖蛸,你不待在自己的蛛网附近,跑到栏杆上来干什么

◆ 丽纹广翅蜡蝉

◆ 广东翠蛱蝶

分布很窄的翠蛱蝶。

翠蛱蝶飞走了，我还待在原地，因为发现远处的大石头上有几只妩灰蝶，需要翻出栏杆才能接近，判断了一下，无风险，很安全。但是来了一群小学生，我总不能在他们面前示范如何翻栏杆吧。记得有一次，在三亚一个景区，我翻栏杆拍摄一种珍稀蜻蜓，被保安捉了个现行，我的拍摄是在他逐渐升高音量的训斥声下耐心而固执地完成的，后来翻看那组照片，耳边似乎又会响起他严厉的声音。小学生们走远了，我翻出栏杆，接近了妩灰蝶，看清楚了，是白斑妩灰蝶。我更想拍的是珍贵妩灰蝶，它们竖着翅膀停的时候，很难区分，但是打开翅膀或者飞起来的时候，就很明显了，后者的蓝色区域更大更明显，我觉得也更漂亮。

快走出瀑布群了，就在石梯路旁的一块石头的上方，竟然发现了一个侧异腹蜾蠃的巢，由两只侧异腹蜾蠃守卫着，蜂巢里整齐地悬挂着蜂宝宝。它们为啥要把巢安放在人来人往的热闹场合呢，估计是这里石梯路不好走，人们都只专

◆ 白斑妩灰蝶

◆ 侧异腹胡蜂

注脚下，很少像我这样东张西望，和它们发生冲突的概率就很小了。

瀑布群的植物观察收获较小，值得一提的是拍到另外一种远志，阔叶，后来查到是香港远志。

三

第三天我起得很早。前一天晚上,我四处打听消息,选定了一条考察线路。其实就是沿着亲水谷的谷口前面那条路,继续往前,然后有一条岔路,向右就有一条废弃路,可以步行,但绝无游客。重点是,这条路通往的山谷,名叫蝴蝶谷。听听这名字,得去!

从民宿到了公园门口,人家还没上班,进不去。我不想浪费时间,包括坐在那里玩手机,也算浪费。哪里都可以玩手机,这可是南岭国家级自然保护区啊。公园值班室后面有个小山坡,我掏出相机,走了上去。小山坡几乎没路,长满了灌木,我低头才看一眼,就乐了。原来这是角蝉的老巢啊,面前这丛灌木,几乎每根枝条上都有角蝉,有的甚至好几个,我估计视野里的总数上百。直到好几年后,我在南美洲的哥斯达黎加,才遇到了类似规模的角蝉群落,但是成虫小很多。之前的野外考察,最多也就是看见几只吧。这种角蝉是曲矛角蝉,背上的刺非常夸张,几乎等于身长,看上去有如拖着长矛,但却不会用它来攻击谁。它们非常温和,拟态成树枝上的刺,只是为了隐身于无形。

◆ 曲矛角蝉

稍后，我如愿坐上了头班观光车上山，工作人员都习惯了我这个孤独又似乎高高兴兴的观光客，司机在我下车时还叮嘱我，附近有个值班室，可以去补加开水，中午还可以去搭伙，因为这一带没有吃的。

我就先去了值班室，想打听一下蝴蝶谷的情况。刚到门口，还没开口，一个中年人就走了出来，望着我很着急地问："你前天来过吧，在谷口那里玩了很久。"

"是啊。"我回头看了看谷口附近，很惊讶于他的仔细。

◆ 卷象刚落到叶子上，膜翅还拖在身后

"我的狗前天下午跑了，有人看见它跟着你的。现在它在哪里？"

原来，他是那条狗的主人，昨天已经寻了一天，四处打听线索。

我把那晚的情况介绍了一下。

◆ 尖胸沫蝉

◆ 琉璃球胸虎甲

"看来它还不喜欢这里，又跑回家里去了。"他语气带点幽怨。原来，那条狗来自山下的镇上，一直想从新主人这里溜回去。

　　对于我想去蝴蝶谷玩，他很不赞成："那里什么也没有。"

　　没时间聊太久，告别狗主人后，我就匆匆往前走了。对于我来说，这么好的生态环境里，怎么会什么也没有。

　　果然，就像第一天来到亲水谷一样，我刚拐进右边这条便道，就见一道蓝光一闪，落在前面一片叶子上。从它起落的姿势来看，我判断是虎甲。虎甲被惊动时，会腾空而起，一般不会飞远，而是直接落在它觉得安全的地方，然后转过身来，头朝着入侵者的方向，随时准备再次腾空而起。

　　我是不会惊动它的，那一道蓝光引起我的高度警觉，这种色泽不是一般的虎甲！

　　我先是纹丝不动地站了一会儿，才用类似于慢动作的步伐，缓缓向它移动，越靠越近。看清楚后，不由一阵惊喜，它通体蓝黑色，鞘翅上的白斑犹如一对象牙，前胸突起如球，原来，是一只相当罕见的琉璃球胸虎甲，自从我在海南岛的尖峰岭记录到这个物种后，已经阔别数年。上次是在齐人高的灌木里，

◆ 晨光里的螳蜱

◆ 苹果何华灰蝶

◆ 豹弄蝶

举相机都困难。而这一次，轻松俯身即可观察和拍摄，姿势相当休闲。

十多分钟后，我才轻轻起身离去，把它留在原地。一天考察的开局，竟然如此梦幻。沿着便道，我观察并记录着两边的动植物，非常忙碌，仅半翅目的昆虫就有十多种，一时竟有点顾不过来的感觉。

我停下来短暂休息，喝茶，吃饼干，总结了一下，告诫自己不可太贪，还是要有重点，不然这一天时间走不了几百米。重点是什么？当然是我首次见到的物种，特别是蝴蝶，然后就是观赏性强或比较珍稀的动植物。我就把阅读模式调整成了浏览模式，对时常见到的动植物看看就好，不作过多停留。

走了一公里，还是没有找到蜜源植物，要高效看到一个区域的蝴蝶，守在蜜源植物旁是

◆ 虎斑灰蝶

最佳选择。蝴蝶在空中飞来飞去，看似盲目，以我的观察，它们其实是有大致固定的飞行线路的，这条线路上会有一些节点，有的是寄主植物（雌性去产卵，雄性去寻找艳遇机会），有的是蜜源植物或潮湿的地面（补充营养）。如果找不到这样的节点，就几乎没有机会拍到大型蝴蝶。

对这样一个生疏的区域，我改变了策略，放弃找蜜源植物的执念，后面碰上了更好，先把注意力调整到灌木丛深处，找一些活动范围小的小型蝴蝶。

果然，我在一大堆悬钩子花果的缝隙里，看到里面停着一只灰蝶，似乎是银线灰蝶，顾名思义，这种蝴蝶翅膀上都饰有明亮的银线，很别致。问题是悬钩子这种植物，还是顾名思义，浑身上下都挂着钩子，我要想钻进去的话，出来可能就变成刺猬了。

我捡起一根树枝，轻轻地拨动它停留的地方，它果然从悬钩子王国中飞了出来，这下看清楚了，不由得一阵狂喜，它翅上原来不是银线，只是白色线条，是一种我从未见过的灰蝶！而且，颜值很高。后来回家查到它叫虎斑灰蝶。

虎斑灰蝶是我用树枝捅出来的，而另一种灰蝶，则得来全不费功夫，

◆ 旖弄蝶

◆ 青豹蛱蝶

◆ 落叶中的地图蝶，差点被我踩了

◆ 庆元异翅溪螅（雌）

几乎是无意中拍到的。这条路上有很多彩灰蝶，根据我之前所说的重点，我没有刻意去拍摄，因为彩灰蝶太常见了。在拍摄一只猎蝽的时候，发现旁边有一只彩灰蝶，反正我连蹲着的姿势都不用改变，就顺便拍了一组。拍完就觉得有点不对劲，原来是苹果何华灰蝶，这种灰蝶在我国仅有很小区域有分布，在野外见到还真不容易。

眼蝶和弄蝶也喜欢在灌木丛中活动，找到的眼蝶都不太完整，我没有拍。弄蝶发现 4 种，记录到了 2 种：旖弄蝶和豹弄蝶。这条便道上，观察到的蝴蝶共计16种，我还挺满意的。中型蝴蝶拍到两只：一只是青豹蛱蝶，停在较高的灌木上，我踮着脚高举着相机，几乎是盲拍的；一只是地图蝶，这只倒是不费力，在落叶堆里一动不动，差一点就被我踩到了，但是我只拍了一两张，它就警觉地飞走了。

正午时，烈日炎炎，我感觉有点扛不住了，这段路，正好离右边的溪流很近，我索性离开便道，高一脚低一脚地往溪边走去，享受浓荫里的清凉，当然，眼睛也没闲着，我发现了短鞘花萤、庆元异翅溪螅和一些别的。

我在那里放下相机，吃了午餐，然后清水洗手洗脸，舒服极了。

这一天，印象最多的是铺天盖地的各种悬钩子，就像前一天，总是遭遇猕猴桃一样。这一天拍了很多有趣的昆虫，悬钩子家族贡献很大。悬钩子枝叶中，还有一种体型硕大的蝽，密度高，反复看到，刚开始我以为是硕蝽，仔细看了它们的触角，确认是玛蝽。硕蝽的末节触角除基部外都是黄的，而玛蝽的末节触角只有末端是黄的，用这个特征来区分这两种大型蝽科种类是最容易的。

这一场徒步的最后一点时间，我用来仔细拍了一只羽化的蝽，因为它正在羽化，从旧衣裳里钻出来的它如同一块不染纤尘的碧玉，柔和又美丽。它也是玛蝽吗？由于特征还没出来，暂时还没法确认。

◆ 短鞘花萤

◆ 玛蝽

◆ 完成羽化的蝽，躲在了叶子后面，翅膀干透后就可以飞行了

◆ 羽化中的蝽

十二月的派潭河

　　十二月，在派潭河一带漫步，几乎是一件奢侈的事情。一个人带着他的回忆——岁末，每个人都像拖网，一年的事都沉甸甸的在网里了——而阳光下的派潭河，却鲜艳如盛夏，两岸的野花和蝴蝶在无声地欢呼着，包围你，也顺便包围着你的沉吟。这样多好，你只是造访，只是旅行，像派潭河一样，略有些疲倦，但没有什么是值得懊恼的。

◆ 山坡上，山鸡椒的花开了，早得让人吃惊

一

时间在流动，派潭河也在流动。它们的流动都是看不见的。

深的地方，有一些大块的碧玉在沉睡，使人想起九寨沟的海子。但派潭河没有九寨沟海子们的仙气，它是人间的，属于它沿途的村落。派潭河用它的反光温柔地抱着田野、朴素的客家人建筑和孩子们的身影。

我在它的反光里蹲了下来，浸在液体的碧玉中的，是一些卵石。派潭河是一条充满生命的河流，任何一块卵石，都是蜉蝣稚虫的家。它们身子扁平，瞪着一对大眼睛，靠不停地甩动尾巴游动。数量众多的蜉蝣稚虫，以及类似大小的小生命，为鱼群提供了食物。

最小的鱼，当地人叫坑鱼，意思是水坑里的鱼，也是一些永远长不大的鱼。它们结伴游着，在卵石间，在大大小小的彩螺旁。被我的影子惊扰后，它们迅速逃向了更远的水域。

这样的警惕是很有必要的，派潭河边，出色的猎手——翠鸟，数目众多，不时从河岸箭一般地射向水面，用它们犀利的喙啄破水面。

◆ 卵石上的蜉蝣稚虫

翠鸟是派潭河两岸容易看到的水鸟：长喙，短尾，蓝得发亮的羽毛。不过，并不可靠近，在人类面前，它们是胆怯和羞涩的。

田鹬则要老练得多，它在河滩上踩着浅水，用它夸张的长喙自得其乐地在泥土中钻个不停，寻找着食物。我猜测这只田鹬不过是派潭河冬天的客人，它也许来自寒冷的北方吧。

在最深的一片水域中，在一个由四根竹子扎成的简陋的竹排上，站着一个老人和三只鱼鹰。鱼鹰都咕咕地用喉音叫着，高举着翅膀，在空中扇个不停。这是在向老人撒娇，要讨鱼吃。一般来说，这是幼鸟

◆ 金斑蝶四季常新，源源不绝

◆ 越冬的双色带蛱蝶，它翅尖的橙色斑已经被消磨得不明显了

◆ 打鱼的老人和他的三只鱼鹰

◆ 老人从鱼鹰嘴上取下鱼,然后放进鱼篓里

◆ 鸬鹚,民间叫鱼鹰,仔细看,脖子上拴着线,防止它抓鱼后吃下去

才用的可爱动作,亲鸟回巢时,它们会扇着翅膀乞食。

老人对鱼鹰们的动作毫不理会,他轻轻用竹竿一拨,竹排便稳稳地朝岸边划去。岸边早就站着几个等着买鱼的人。显然,鱼鹰们正是看到了这一点,才着急地扇起翅膀来的。它们已经学会了察言观色——多么迅速的进化。

我想起了青海湖看见的鱼鹰,一群数百只,自由地咕咕叫着掠过天空。而这三只,漂亮的蹼爪被拴着,吞食鱼儿的颈子被拴着。除了乞食,它们还能做什么呢?

从某种程度来说,派潭河和人类,也处在这样的关系中。这些来自增城北部莽莽群山的野山,早就被大封门水库、白水寨水库收集利用后,才重新释放出来。

河水不复有当初的野性,而是规矩、小心翼翼地在河床上流动着。好在,它温柔一如往昔,慷慨一如往昔,所有的大小生命,都在享受着它的滋润。

二

正是派潭河的枯水季，水退下去，露出一截新鲜的岸——新鲜的伤口。一如既往地，向河里输送着水流的小溪，也瘦了。

我们沿着一条小溪向山坡上走，空气中有特别清新的味道。

这种清新并不单调，甚至可以说很丰富：有树枝的气味，因为有位上了年纪的婆婆在竹林边用弯刀收拾着柴禾；有很微弱的烟火味，是村民在收割后的田野上烧着稻草？有潮湿的泥腥味，可能来自溪水冲刷着的泥土；有香樟树叶被踩碎后的尖锐而清新的气味……据说，盲人能够凭借嗅觉识别自己所处的大致环境。我相信的，空气中有所有事物的微粒。

也有冬天的微粒。尽管它藏得很深。

在一块冬眠的地的角落里，我发现了一株被遗忘的仙草。当地人叫它凉粉草。

◆ 竹林里砍柴的婆婆

我喜欢它的气味,有一点尖锐,能给第一次闻到的人留下印象。尖锐的人,往往都有着热烈的内心。那么植物呢? 植物的热烈,我觉得是指它们饱含某种特别的物质。

　　仙草正是称得上热烈的植物,人们把它们的枝叶加水煎煮,让里面的特别物质流出来。当这种热烈的物质冷却后,水再也不是透明的可以流动的了,它被冻结成了柔软的琥珀——被人们称为凉粉。

　　热烈的尽头,往往是带一点冰冷的凉味。

　　摘下一片仙草叶,它已经有点干枯了。举着它逆光观看,想看清它的脉络。却看见一群鹩哥在空中飞过,扑向不着一叶的柿子树——那些冷硬的枝条,就像布满空中的金属。

　　离开田野,我来到一棵香樟树旁,树叶里藏着一些龙头形的蛱蝶幼虫,感觉是白带螯蛱蝶,因为它的背上有一个明显的斑点。

　　路边还有几棵沧桑的大树,都是荔枝树。树下的草枯黄着,而这些老树却吐出了鲜红的嫩叶。和远山的更年轻的荔枝树不一样。它们几乎是自由随意地站着,形态各一,气质各异。而那些新树虽然也枝叶繁茂,却像规矩的学生,一排又一排整齐地排着队,多少有点机械和生硬。

◆ 白带螯蛱蝶的幼虫　　◆ 白带螯蛱蝶

龙眼鸡能感受到老树的特别，它们就喜欢待在老树伤痕累累的树干上。

青斑蝶也能感到老树的特别。它们三三两两，在树冠四周飞着，辨认着它们祖先停留过的痕迹。它们是远方的客人，每年

◆ 白蚁的公主蚁

都会跨海而来，飞到派潭河两岸的山谷里越冬。

这一带的土地是疲倦的，历经了反复的开垦，只有在最陡的坡地和溪沟边才能看到杂乱的野生灌木。试想，青斑蝶的祖先，迷恋的一定是个更自然更丰富的山谷。幸好，有这几棵老树，能让它们围绕和流连了。

没有老树的原野，那种寂寞才是真的寂寞。

我在一棵老树旁蹲了下来，有一截涂满泥土的朽木引起了我的注意。它确实朽透了，轻轻一拨，它就朝两边分开了。果然，如我所料，这里藏着一个白蚁家族。再仔细一看，不禁大吃一惊，白蚁是常见的，而白蚁的公主蚁不常见，这两只白蚁，都长出了翅芽，她们也许就是未来两个白蚁王国的王后啊。

几声狗叫声，从坡上远远传来。接着，一缕清香，从小溪旁的村舍传出。很浓，这气味就像液体一样，迅速注满了我们周围的空间。

这是葛根的气味。这气味是神奇的，它使一个朴素而凌乱的小村充满了喜悦之情。一个健壮的农妇，正用力地捣着葛根的碎块，这是气味的中心。浓浓的清香就是从这里一圈一圈地扩散开的。其他人，则不慌不忙地晾晒着雪白的葛根粉，对路过的人几无好奇之心。

沉默的葛藤，竟然有着甜美的根块。这被古代中国人赞叹不已的植物，几乎是一个象征——我想起派潭河两岸所有的事物——小溪，古荔枝树，斑蝶，村落，客家人，想起所有的看不见的根须或根块。

● 荔枝老树上的龙眼鸡

三

要寻找派潭河的源头，只需向北，只需上山。

这些山，并没有想象的那样幽深。它们历经砍伐，石壁、土坡，刺眼地从绿色中裸露出来。好在这一带早已封山育林——还要多少年，才能遮住人类的胡作非为？

因为有瀑布和溪流，白水寨的山谷里还是很葱郁的。

上午10点，谷里还是一片空寂。偶尔，大山雀的鸣叫，像一些发亮的树叶，在谷里飘动。阳光斜斜地射进山谷，没有激起任何反应。

但是，随着空气温度的渐渐升高，山谷里的精灵们陆续苏醒了。

最先苏醒的，是谷口紫荆花树上停着的报喜斑粉蝶，这是只有南方才能看到的美丽蝴蝶。不过，在这样的季节，它的衣裳已经很破旧了。它吸收着阳光中的能量，直到血管沸腾，终于飞了起来。它围着树冠飞了一圈后，又向着远处的一片水潭飞去——被阳光晒出的水气，对它有着不小的吸引力。还有一只像是飞不动了，像落叶一样飘落到我的脚边。

◆ 残破的报喜斑粉蝶

◆ 波纹眼蛱蝶

紫荆树下，几只波纹眼蛱蝶，在草花上一闪一闪。而不知疲倦的网脉蜻——一种漂亮的南方蜻蜓——则顺着水渠的方向，来回巡视。这就是南方冬天的魅力，阳光下，始终有春天和夏天的影子。

阳光照着，溪流水汽蒸发。这时，潮湿的泥土，就像磁铁一样，吸引来了各路精灵。

一只新鲜的蛱蝶，欢喜地飞了过来，它的翅膀上有一对新月。难怪它的名字叫新月带蛱蝶。或许是年轻，对危险并无太大提防，它贴着游人的头顶飞来飞去，怀着巨大的好奇心。

绢蛱蝶明显胆小一些，它在飞往溪流的途中发现了游人的身影，立刻在悬

◆ 鹰翠蛱蝶

◆ 青斑蝶

◆ 三斑阳鼻蟌

崖边一簇马兜铃藤叶上停了下来。绢质的蝶翅微微抖动——如此柔弱，让人不由得屏住呼吸。

　　而就在它的旁边，有一只隐蔽得极好的翠蛱蝶，如果不是它动了动翅膀，根本就不会被我看到。这是一只比较珍稀的鹰翠蛱蝶。可惜，毕竟是隆冬，它的触角都有点残了。

　　如果没有游人的惊扰，所有试探性掠过溪流上空的蛱蝶和斑蝶，就会在溪边潮湿的泥土上降落，伸出它们的吸管，召开小型的野餐会——那该是多么有趣的景象。

　　最不可思议的，是在溪边的岩石上，竟然出现了一只雄性的三斑阳鼻蟌——它的翅膀上有着类似孔雀羽毛的图案。这种有着致命之美的豆娘，对环境有着极苛刻的要求，只在未被打扰的深山溪流边居住——那里，在人类出现之前，就一直是它们的家园。

　　其实派潭河的所有源头，那些大大小小的溪流和山谷，都是精灵的国度。近年来对生态的保护，让这个濒临灭绝的国度重现生机。但随着越来越多的游人涌向山谷，像三斑阳鼻蟌这样的古老的居民们，会最终告别这个国度吗？

初探桦木沟

　　四川省米易县一直是一个我很感兴趣的考察目的地。这里属于南亚热带为基带的干热河谷立体气候，低海拔地区全年无冬，和别的生态脆弱的干热河谷地区不同的是，米易县地势北高南低，海拔较高地区仍然属于亚热带生态，东边的白坡山更是被森林密密覆盖。如此的气候多样、植被多样，必定有丰富多彩的物种，很适合观赏野花，寻访昆虫。米易县所属的攀枝花干热河谷地区，的确也时有重要物种发现，比如世界上纬度最北的野生苏铁群落的发现，比如20世纪90年代攀枝花一个中学的课外蝴蝶考察活动，就收集到上百种蝴蝶

◆ 从树上垂下来的络石

的标本，其中两种为新发现的物种。

在攀西大裂谷中植物最为多样的米易县，却几乎没有类似的考察报告，也没有物种猎人或者博物学爱好者留下探索的足迹，这真是谜一样的空白。种种疑问就像米易县的云朵，堆积在我心里，让我不时好奇地想象一番。

◆ 在白坡山自然保护区核心区标志处打卡

在想象了若干年之后，终于，机会来了。七月的一天，我坐上了米易县林业部门的车，往白坡山出发。米易县的自然考察，较有意思的类型有两种，一是山地的野花，那么七月的白坡山是很合适的；一是干热河谷地带的蝴蝶考察，时间应该是旱季的末期，如果能找到好的观察点，还可能偶遇蝶群，对了解此地的蝴蝶种类事半功倍。路上，我和陪同的老董交流了一下，他根据我的诉求，推荐了白坡山的桦木沟，那里可溯溪而上，穿过缓冲区进入白坡山省级自然保护区核心区，我们步行的起点的海拔就在 1000 米以上，感觉是很不错的一个海拔区间。

◆ 生态良好的桦木沟，一条溪水贯穿始终

◆ 大果榕的嫩叶——大象耳朵　　　　　◆ 大果榕

　　雨中，车开进白坡乡。下车后一进乡政府的院子，我就吃了一惊。只见一棵大果榕独自成林，果实累累，雨水打湿的果实透着红映着绿，相当美貌。大果榕属桑科榕属，这个属又叫无花果属。大果榕不仅果实可食用，其嫩叶还是云南西双版纳地区民众喜欢的美食，他们还根据嫩叶的形状，把这道菜取名为大象耳朵。做法很简单，就是嫩叶煮熟，蘸调料吃。我吃过各种风味的调料的这道菜，都挺好吃的。和当地人聊了一下，此地并无吃大果榕果实及嫩叶的习惯，真是可惜！人们说此树山上有野生的，屋前屋后也常有。本地有分布，采摘也方便，但就是不吃，可见不同地区的美食偏好还是差异挺大的。

　　副乡长很年轻，姓王，大名王尽欢，名字像古龙武侠小说的主角。王尽欢担心我们的安全，一定要亲自陪同进山，拗不过他，我们简单准备了一下就出发了。

　　桦木沟的下方，溪边无路，我们得穿过半山的云南松的松林，才能和溪流会合，再溯溪而上。已是七月，松林竟似早春，遍地松针枯叶，偶尔才露出点草尖来。可见雨季刚到，整个山坡刚从冬眠里苏醒。如此看来，要看这一带的野花竟然七月都还早了点。

　　但是蝴蝶已经有了，云南松下，看到有灰翅串珠环蝶缓缓扇动硕大的翅膀，有眼蝶警惕地和我们保持距离，还有一只巴黎翠凤蝶在上方掠过。

◆ 灰翅串珠环蝶

走了一阵，发现路边的天南星科植物颇多，最多的是一把伞南星。天南星科植物都有很奇特的花序，在这个家族里，一把伞南星的花序就算很一般了，是比较平淡的绿色佛焰苞。我们看了一会儿，继续赶路。10分钟后，又一种天南星科植物出现了，它的花序是紫色条纹佛焰苞，相当惊艳，我看叶上无斑点，想了很久，想起在昆明植物园见过这路神仙，就是大名鼎鼎的象头花。可能以前老董和王尽欢没怎么注意到这藏在叶下的奇特花序，也惊呆了，弯下腰啧啧赞叹。象头花在这一带挺多，我目测中轻易数到20多簇。我记得攀枝花有人建议建设一个南亚特色植物园，如果真要搞，象头花是必须入住的吧。

快走出云南松林时，一块大岩石引起了我的注意，在厚厚的青苔之间，有一些红艳的小花环点缀其中，靠近一看，原来是正宗的国产多肉植物，密集而

◆ 一把伞南星

◆ 花南星

象头花

骄傲地长满了这片石崖。可能雨水还不够多，它们保持着旱季的饱满的鲜红。感觉很像石莲，至少是石莲属的。老董说以前县城至白坡乡之间公路边的一块岩石上也有，后来路人都来采，现在少了。希望即使这里成为旅游线路，人们也能放过这一坡的野生多肉部落，毕竟，在这里它们才能最大限度地展示出独特的美来。

走出松林，我们真的和溪流会合了，小路变得相对陡峭，好在雨已停，满眼的薄雾也在散去，我们兴致勃勃地开始爬山。这里多是林缘附近的杂灌植被，正是蝴蝶喜欢停留的地方。走了才200米，就看到六七种蝴蝶，我拍到两种弄蝶一种蛱蝶。蛱蝶是直纹蜘蛱蝶，我一眼就认出了它，相当惊喜。这种蝴蝶我曾经两次遇到，两次失之交臂，连模糊的照片都没有拍到。这次我小心地慢慢靠近，在最后关头，它突然飞到空中，消失了。我正在懊恼，突然发现王尽欢脚下还有一只，赶紧一边喊着"别动，别动"，一边慢慢靠近。和之前的直纹蜘蛱蝶完全不同，这一只可以说是有点大咧咧的了，它不仅没有飞远，在我的拍摄中，干脆飞到我的手臂上，贪婪地吸起汗来。很难有这么近的观察机会，我只好带着它继续赶路，走了200米，可能不满手臂的晃动，它才弃我而去。

◆ 石莲

◆ 方裙褐蚬蝶

拍到的蝴蝶中，方裙褐蚬蝶、双带弄蝶、细灰蝶我虽然在野外见到过，但都没拍到满意的照片，这次基本如愿。

再往上，坡更陡，两边的灌木也逐渐被高大的树木代替，原来，我们已经深入核心区了。除了蝴蝶，我还记录了萤火虫、绿色螽等 10 多种昆虫，记录了 20 多种有观赏价值的植物，其中悬钩子属的有 5 种（品尝到两种果实），比较神奇的是，七月竟然还有杜鹃花开放。

此时，我们已经步行了三个多小时，海拔大约 2200 米，天色变得有点昏暗了。由于只能原路返回，一直在观察天色的老董担心有暴雨，建议返回。

从沿途观察的情况看，我们走过的基本上是亚热带林区，物种和川渝及其他地区区别不大，我个人分析，再往上可能独特物种出现的概率更高，特别是海拔 3000 米以上。我很不甘心，但由于之前没有准备夜宿山上，无装备无时间，只好折返。

折返时，我们的步行速度变快，我差点错过了一个极有观赏价值的半翅

◆ 水边潮湿的泥土上拍到细灰蝶

◆ 直纹蜘蛱蝶

◆ 另一只直纹蜘蛱蝶胆子更大,直接飞到我的手上吸汗

◆ 双带弄蝶,翅上的双带是看点

目昆虫——山字宽盾蝽,它当时正悬挂在一片悬钩子叶子的背面,从叶子边缘露出点触角来。接着,我又发现了好几只。山字宽盾蝽,暗蓝绿色,前胸背板上有山字形红纹,像楷体,因此得名。背板端部其实还有一个山字,这就是个艺术体了,笔画像波浪,也还好看。我的好几位同行,都在野外拍到过这个物种,我还是第一次见到,也算是略不尽兴中的一点安慰了。

山字宽盾蝽

滥坝箐访花记

　　重庆南川的关门山其实不像一扇门，倒有点像两把打开的锦绣纸扇，中间留有缝隙，纸扇上各个季节锦绣不同。经过了黄泥垭的终年雨雾，车开到这里，都会松一口气，再下坡往前，就是金佛山的后花园——头渡和金山两个安静的小场镇了。每次都是这样，松一口气，再往前开，完全忽略了左侧的农家，它用垒起的院坝，挡住了一条山道。

◆ 滥坝箐是群山环抱着的一片平坝

◆ 鸡矢藤

　　这次在金佛山自然保护区挂职，经同事指点，我才找到了这条山道。很窄，开进去一点就是绝壁，下有流水声传来，对面是险峻山峰，丛林莽莽。时有前方无路之感，如果只是随意开进来，早就打退堂鼓了，担心会车，担心无法调头，万万不敢继续。接着下坡了，山势渐缓，前方逐渐开阔，对面的山峰越退越远，车居然开到了一个群山围合的平坝之中。虽是傍晚，视野里却始终是颜色斑斓的草甸子，东一块，西一块，最终连接成茫茫一大片。

　　前面出现人家时，真有点穿过逼窄入口，来到世外桃源的感觉。可惜山雨未停，无法打着电筒散步，接近不了那些斑斓的颜色，究竟是些什么野花，为何初秋里仍然开得如此忘我？呼吸着窗外的山野空气，忍住好奇心，早早睡了。

◆ 川东獐牙菜

次日晨，侧耳听了一阵，窗外并无雨声，欢天喜地，迅速收拾好冲下楼去。果然是久雨初晴的一天，门前的几条小路，都开满繁花，但有的通向山峰或垭口，有的通向无边的草甸。围合的群峰，各自随意挂几朵白云。透过云层的阳光，已经把小路尽头的草甸照亮。

我跟着晨光走，先来到草甸，小路两边，紫云团团，丛丛紫花醉鱼草开得如痴如醉，我熟悉它的香气，不尖锐，温和，如友善的乡亲。蜜蜂和食蚜蝇，比我更熟悉这香气，从四面八方兴冲冲赶来。好在醉鱼草的花序都是由无数朵小花组成的，客人再多也招待得下来。现在还早，我四周看了看，蝴蝶还没有飞来，它们应该还在等待体温升高的过程中。在任何地方，有醉鱼草的地方就不会寂寞，它的确是很有魅力的蜜源植物。

刚认识这种植物时，很奇怪它的名字，请教了一下，有个乡下长大的朋友，说儿时将醉鱼草枝叶切碎，扔进水潭里，水会变成迷幻饮料，鱼儿醉后自动浮起。对付那些躲在石缝里的鱼算是绝招。半信半疑，还去查了资料，原来醉鱼草还真是很厉害的"化学家"，枝叶里有很多生物活性物质，研究过的都叹为观止。估计是某种可溶性物质，能让鱼儿出现暂时中毒症状。

◆ 柳叶菜的小花朵很精致

◆ 宝兴吊灯花

◆ 紫花醉鱼草与咖啡透翅天蛾

在紫花醉鱼草下面是各种蓼科植物，其中红蓼最为繁茂，看上去就像缩小版的高粱，整齐得简直像人工种出来的，铺满了草甸。种这个干吗？很疑惑。问了一位放牛的小伙子，他摇头，说是自己长的。草甸间有灌木，比较多的是火棘，已进入果期，果实密密地挤在一起绿着，等着霜降来把它们冻红。秋天，这一丛丛火棘一定十分惹眼。

火棘丛中还发现了一种藤花，花竟形似球兰。每朵小花，都像是一个大的五星，小心地捧着一颗小的五星，肉质的，很精致，叶子和藤倒有点像鹅绒藤。看来是萝藦科的植物，后来果然查到是华萝藦，我上上下下看了一阵，很喜欢，一时舍不得离开。

接着，又发现了悬钩子属的部落，数了一下，至少有三种，其中一种单叶的有花有果，果有初果，也有老熟的，一根藤上竟有从初夏到秋天的全部景象，从其特征来看，应该是黔桂悬钩子。我一边欣赏花，一边采食黑色的浆果。果

◆ 华萝藦

◆ 华萝藦上发现斜带缺尾蚬蝶

鲜味强烈，满口生津。山上就是这点好，口渴的时候，能找到解渴的浆果，几粒下去就舒服很多。我上山经常喜欢带着馒头、保温茶杯，馒头里夹什么吃，全看缘分，悬钩子、野草莓、茶藨子、胡颓子来者不拒，款款都风味独特。这样不用找地方午餐，可节约宝贵的时间。

◆ 算盘子挂上了红色的果子

　　草甸的角落，有一块明显开垦过的地，种一些形似吊兰的植物，已经开花，仔细一看，雄蕊非常夸张，花药像花瓣一样修长，相当别致。打听了一下，原来这还是金佛山独有的植物，名南川鹭鸶草。鹭鸶草属比较珍稀，我只查到三种，和吊兰属倒是近亲。当地山民代代相传，把南川鹭鸶草视为珍宝，根须有进补作用。还真是珍宝，跨出山门就没有了。

◆ 悬钩子的果实

◆ 悬钩子的果实

南川鷺鷥草

下午的时间更充分，选了那条溯溪而上的小路，边走边看。刚走30米，就惊呆了。小道两边，川续断正成片开放。举在空中的白色花球，像成千上万的小和尚的头，在微风中晃动。和醉鱼草一样，川续断也非常吸引蝴蝶、蜜蜂，所以，眼前是非常壮观的场面——十几只大绢斑蝶在川续断附近翩翩起舞。在重庆，我还是第一次看到这么多斑蝶群飞。仔细看了看，还有绿弄蝶、小红蛱蝶、斐豹蛱蝶和几种灰蝶在这一带活跃着。不过，这一带是湿地，步道上看看可以，走进去很容易陷进淤泥里。所以还有些小野花，看不真切，也只好罢了。

◆ 川续断

　　开阔地之后，小道两边逐渐收窄，进了一片竹林。在一堆竹叶上，发现了几朵章鱼形的红色花朵，有狰狞和娇艳混合起来的美感，仔细看，不是花朵，是蘑菇中的某种鬼笔。我马上通过微信请教了蘑菇专家肖波，知道了它的名字，红

◆ 大绢斑蝶最爱川续断的花球

◆ 后山的清澈小溪，是寻访野花和昆虫的好去处

星头鬼笔。潮湿且阴冷的地方，才会出现这些暗黑系的花朵吧。

小路曲折有致，有时过溪，有时隐于竹林。溪水流过的山岩层层如书卷，我曾在资料里查到，滥坝箐有着保存完好的动物化石集成岩，莫非就在这巨书中，沉睡着千万年前的古老动物？正想着，前面出现了无数筒形花朵，它们低调地匍匐在岩石、草叶甚至泥土上，应该是苦苣苔科半蒴苣苔属的物种，以前也在金佛山拍到过，但是这样上百朵的集合，还很少见到。后来，从李振宇等主编的《中国苦苣苔科植物》查到，果然是半蒴苣苔，纤细半蒴苣苔。

往回走时，不免想到，这一带原野开阔，溪流密布，很适合人居啊，为什么只看到寥寥几户人家？于是决定去找这里的老人们聊天。聊天后，出门再看

◆ 红星头鬼笔

外面的景致，竟有了复杂的心境。

原来，滥坝箐的得名，源于早晨我曾路过的两口终年不干的小水潭。虽然水潭小，但淤泥深不见底，附近的牛都不敢进去。

据老人们说，明朝时，这里曾是繁荣的苗寨，有上千人居住，明末清初，兵荒马乱中，苗寨遭遇灭门之灾，不知是哪股势力血洗了滥坝箐，仅有一户人逃脱，后来他们装成汉人，改名姓江。滥坝箐重回丛林时代，苗寨的历史，只有几座隐没在林野里的苗坟作为证据。

解放后，这里才逐渐重新热闹起来，又一次人进林退，拓荒的山民在这里重新形成村户和场镇，但是，这里的气候不利于耕种，虽然水源丰富，沃土成片，但并不适合种水稻，产出极低。十多年前，退耕还林的政策之下，山民放弃了稻田，拿了补贴，逐渐下山谋生。土地逐渐变成野花的家园。

有趣的是，他们名下的山林，居然产出了并不亚于稻田的收益。很多山地，自然成为方竹的领地，每年秋天，这些无须人看管的山林，会收获大量方竹笋。方竹也是金佛山独有的植物物种，肉厚内空小，所以笋子好吃，成年竹竿也很有用。有山民扛着砍下的竹竿经过，我拿过一根试了下，重量是其他竹子的两倍，非常结实。

平时经营别的，收获季回来采山。滥坝箐的山民和重新茂密的山林终于有了

◆ 地耳草

◆ 纤细半蒴苣苔

◆ 正在拍纤细半蒴苣苔，回头就看见一只牛虻在身边发呆，还好它没有攻击我

◆ 白带褐蚬蝶在溪边活动

◆ 清晨，点玄灰蝶躲在枯叶里，体温还不能支持它飞行

一个皆大欢喜的新平衡。在滥坝箐，人类和山林之间经历了两次拉锯战。第一次自然的归来以苗寨的消失为代价，很悲壮。第二次才是美好的，人类的谦逊退让，自然回报以无边的野花、如画的山水和丰富的物产。

我还想着已永远离开滥坝箐的江姓后人，他们是否知道自己是苗寨后裔？他们血液里继承的遗产，会不会在某一天见到繁美的苗族服饰时，突然心有所动？

◆ 晨光来了，照到了黄蜻栖息的地方

大浪坝考察记

一

离开云南漾濞县城，车开向大浪坝。公路一边，晨光还没投射到的小河，像一条充满警惕的乌鱼，偶尔才闪动一下。这一带，最显眼的植物是山坡上的龙舌兰，它们的花序高达三米，犹如莲座上升起的灯塔。我们停车去观摩了一下，花马上要开了。引进的龙舌兰，我在云南经常见到，它们早已逸为野生，自生自灭，无人理会，过得颇为逍遥自在。

◆ 龙舌兰的花序

继续顺着小河没开多久，车向右一拐，就开始上山了。随着视线的逐渐抬高，我的视野越来越广阔。我看到了晨光的来源，它从天边的云缝里泄露而出，投射到我们所处的位置，而把山下的大片田野和河流，留在阴影里。我看到环绕着县城的山，原来不止一层，山后面还有山，很多层，像玫瑰的花瓣那样，很巧妙地穿插、重叠在一起。

　　花瓣中心，恰好是人们活动的城区，当地人酷爱的白色，就像以白色为主的花蕊一样，谦虚地幽闭在巨大花瓣的阴影里。对，就是谦虚这个词。在崇山峻岭中，所有的建筑群，不得不谦虚，它们不过是山峦起伏的巨浪中，一些微不足道的斑点。

　　我突然想到，生活在这里的人们，他们仰望自然的心境，肯定与其他地方的人截然不同。

　　多数时候，生活在城市里的我们谈到的自然，不过是城市周边的配角，人们放松或休闲之地。高大的城市建筑，遮蔽了先民熟悉并肌肤相亲的大地。大地，那活生生的美丽而危险的大地，那无边的沼泽和森林，从我们的视野

◆ 漾濞县城里的嗇青斑蝶

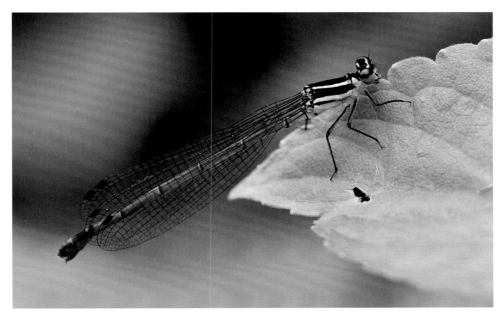

◆ 小河边发现的丽扇螅〔雄〕

里消失了。蓝天白云下，唯一显现的，是秩序化的建筑和道路。这样的图景，会滋生一种人类的自我中心主义，野蛮而又充满生气的自然被我们遗忘了，我们有一种幻觉，大地已经臣服于我们所生产的秩序。事实上，自然也在消失，林地、湿地、溪河，都在迅速消亡的过程中，当然，同样正消失的，是附着在它们中的许多物种，还有永远不再重现的原始之美。

这样的事实，反过来，又支持着我们对自然的傲慢。我们正在迅速失去对自然的敬畏之心，自然业已变成电视里满足部分好奇心的消遣之物。

还好，旅行能帮助我们看清自己，尤其是深入大自然腹地的旅行，能够帮助我们的心灵，打开那些尘封已久的包装。

我就是带着这样感激的心情，进行又一天的旅行的。

二

山路拖着车，拖着我们，盘旋上升。

刚开始的时候，多数树林在我们的头上，被朝阳照得很好看。山路下面，是幽暗的，田野和小河都像刚刚醒来，有点迷糊地在雾气中发呆。而头顶上，树林是新鲜的，透过树林，蓝天像一块块玻璃，无所用心，只管在上面浮着。

但是车很快就开进了朝阳中，那些发亮的树梢，则下降到我们的脚下。

车转到山垭的时候，可以同时看见好几层盘山公路。从侧面看过去，一层层的树林，形成一个巨大的彩色梯子，斜靠在天边。

风一吹，彩色的梯子就给弄乱了，或者说融化了。但是这一层一层的树林会记得，它们组成过梯子。在合适的时候，有朝阳，又没有风的时候，它们又会魔术般地恢复成梯子的形状。

正在想着，这样的梯子，最适合通向云彩的时候，我的眼前出现了草甸子。

不像我想象的那样平，那样辽阔无边。它们一小块一小块的，像一些不规则的花布片，被随手扔在树林之间。大一点的草甸上，有一些牛羊。小一点的

◆ 车窗外的云海

草甸，只能算林间空地。

我离开车，独自走进这些空地里。

最先看到的是一只黑脉园粉蝶，它兴奋不已地围绕着几株强壮的琉璃草飞舞着。琉璃草属都有很特别的蓝色花，就像给空地镶上了蓝色花边。

◆ 黑脉园粉蝶与琉璃草

一些鲜艳的云南旭锦斑蛾，把这些空地当成了舞台，在这里飞来飞去，让安静的树林，有了一些捉摸不定的色彩。急匆匆飞着的锦斑蛾，已进入生命的最后阶段，将在交配、产卵后死去。它们的色彩，又会被土地吸收，被树根的吸管吸到空中，让绿色的叶子发红或者发黄。在树林里，生命是暂时的，死亡也已司空见惯。而颜色转移着，永不消失。

◆ 云南旭锦斑蛾

◆ 琉璃草

◆ 美眼蛱蝶

◆ 兰网蛱蝶

　　很多蝴蝶也爱这林间空地，我在那里逗留了半个小时，看到十来种蝴蝶。有熟悉的美眼蛱蝶、翠蓝眼蛱蝶，也有第一次见到的兰网蛱蝶。

　　大一点的草甸子，是金丝桃、金丝梅组成的乐园。这两种灌木很相像，但花蕊长度不一样，都长得很有意思，它们黄色的花朵，远看像精致的小碗，里面装着娇嫩的花蕊和花蜜。远远望去，不是一个两个，而是成百上千个黄金小碗，安静地摆放在草甸之上。

　　当不吹风的时候，周围很安静。而我，却分明听到了某种声音。声音来自身后那架巨大的梯子，还是这些数不清的黄金小碗？莫非，它们都是某种乐器？自然的乐器？这静到极致的静，仿佛寂寂无声，又仿佛有着无边的轰鸣。

◆ 金丝梅

翠藍眼蛺蝶

三

在这条曲折向上的公路上，没有车，也没有人。如果不是公路上有新鲜的车辙，我真的疑心这条路从来就没有被使用过。

只有牛群，自由自在地在山坡上散步，似乎也没人跟着。

在路的尽头，在树林的远景里，出现了一大捆柴，再仔细看，这捆柴在缓慢地蠕动着。

我迎着它走去。它越来越近，越来越近，我辨认出，是一个瘦小的人负着这捆柴在走。又过了一会儿，我震惊地发现，柴禾下飘着一些花白的头发。我看不到那张朝着大地的脸，但是，飘着的花白头发告诉我，这是一个老大娘，在扛着与她瘦小的身躯不成比例的柴禾走着。

复杂的心情涌了上来，花白的头发，随着步伐颤动着，在风中飘动着，既有几分辛酸，又有某种坚忍。

我没有勇气举起我的相机，我不敢打扰她艰难的步伐。我只能默默地伫立路旁。

她已经走到我的身边来了，而且，她很可能早就看到我了。她没有停下来

◆ 牛群旁若无人地在空地上散步

的意思，她朝着大地的脸，也没有丝毫要改变方向的意思。

在与我擦身而过的时候，这张脸突然转了过来，完全朝向了我。霎那间，我看见了沟壑纵横的田野。沧桑，又安详。我赶紧点头微笑，向她问好。她停下了脚步，微笑着，说了两句我没听懂的话，好奇地看了一眼我手里的相机，就继续走了。

◆ 珍蛱蝶

我呆立了一阵。她是谁的母亲？她的孩子们在哪里？为何要独自负柴而归？为何艰难境地中的她，表情如此安详？她整个身躯像一把枯草，岁月几乎带走了里面所有的汁液。但这把枯草还浸透着某种力量。

也许正是这不起眼的力量，支持着整个人类度过了漫长的黑夜。

我独自又走了一个小时，一群牵着马的砍柴人，从身后追上了我。

◆ 苎麻珍蝶

这是一群年轻人，他们主动和我打招呼，问我骑不骑他们的马。我挨个看了看他们，装束都朴素到了极点。旧衣服，砍刀有的插在腰间的绳子里，有的拎在手上。

我问他们，怎么没看见你们的干粮。

干粮？其中的一个年轻人咧嘴一笑。"我们早晨吃过的。中午，我们紧一下这个就行了。"他拍了拍腰间的绳子。

马，他们也舍不得骑。因为下午要驮柴回去。

他们速度太快，我追不上。慢慢地，我掉在了他们后面。接着，又被一只蝴蝶吸引

◆ 苎麻珍蝶的蛹

◆ 毛簇天牛

◆ 浅色锷弄蝶

◆ 草甸上的亮灰蝶

住了目光,这是一只小型蛱蝶,刚开始我以为就是之前看到的兰网蛱蝶,但是它似乎更小。它飞飞停停,我就跟着它离开大路,回到了草甸,原来,这是一只珍蛱蝶。

这里的蝴蝶真丰富啊。当我的视线离开珍蛱蝶,又看了更多的蝴蝶,数量最多的是苎麻珍蝶,还发现了即将羽化的苎麻珍蝶的蛹,另外还有一些非常活跃的弄蝶和蛱蝶,往来穿梭,让你不知道追踪哪一只才好。我只好放弃别的,专心观察一只从未见过的弄蝶,终于确认是浅色锷弄蝶。

等我欣赏完蝴蝶,抬起头找他们时,他们刚好在前面的转弯处,我看到他们的衣服飞快地融进炎热的树林,就好像它们本身就是树林的一部分一样。

我干脆不追了,就在灌木丛中寻找有趣的东西。阳光强烈起来后,小树林的昆虫非常丰富,我记录了20多种,其中的毛簇天牛,触角上挂着毛球。

我就像梦游一样,在白云和树林之间晃荡。很幸福地晃荡,沿着这条没有名字的乡间公路。

然后,我就看见了大浪坝。

当你坐车盘旋而上,当县城在脚下谦虚地缩小成一些斑点,当你翻过高高的山岭后,眼前出现连成一大片的,覆盖着好几个山头的草甸时。你的心情,也只能用幸福的梦游来形容了。

而且,虽然在崇山之巅,大浪坝的草甸,却有着充足的水分。顺着两个山峦的低谷,四周的水都被收集到了连绵的坝子里,使它变得像一块无边的海绵。这样的结果,让它形成了非常别致的高山草甸风光。

我喜欢这样的画面:木栅栏之外,野草丛生,鲜花烂漫,草地一直延伸到视线不可及的尽头。我觉得这是自然最美妙的形体之一,正如《庄子》是古代东方思想最美妙的形体一样。而我四周,都是这样的画面。

◆ 密密的海仙报春

湿漉漉的草地上，开满了海仙报春。我凑得很近地闻了一下，香味不明显，那么就不是它的变种香海仙报春了。仔细看，海仙报春的叶子平摊在地上，像一个平坦的篮子，而花茎挺拔地窜上去，像一根骄傲的旗杆，举起一些鲜艳的花朵。远远望去，开满了海仙报春花的草甸，就有了两层，下面是绿色的草丛，上面是摇晃着的海仙报春花。

这么好看的花毯子，当然不会闲着。剑凤蝶拖着长长的尾巴，在灌木间逗留，吓得灌木上的树蛙一动不动，权当自己是一片树叶；苎麻珍蝶捉对乱飞，有时甚至在草叶上翻滚，像一些浅黄色的绣球滚动着，又突然分成两半腾空而起；一种俗名叫乌龟壳的蛱蝶，翅膀非常奇怪，它的反面漆黑似包公脸，正面却有着鲜艳的色彩和花纹，随着它的翅膀的扇动，就像草甸上有一些鬼脸在一闪一闪；还有一些蝶，在烈日的暴晒下，纷纷躲到树荫下吮吸潮湿的泥土，比如丽眼蝶，它们的翅膀上，都有一只哭红了的眼睛。

一条溪水，从草甸中穿过，潺潺声不绝于耳。

溪水中，不时有一种蝾螈，有点旧暗的橙红肤色上，布满黑色的花纹，可

◆ 海仙报春

◆ 海仙报春喜欢有水的环境

◆ 黑带绿色蟌（雌）

能天敌不多，这些本来就懒洋洋的爬行动物干脆在水草间一动不动，等着蚊虫之类的送货上门。

我正蹲着研究一只蝾螈，一只莽撞的色蟌，误把它的头部当成了一块好看的石头，打算在这里逗留一会儿。即将降落时，它发现了这个致命的错误，立即就在空中急速转身，像一架微型直升机那样，转身后又迅速拉高，然后停在栅栏之上。

当它的"桨叶"合拢，不再扇动时，我看清了，上面的花纹显示这是一种罕见的黑带绿色蟌。

色蟌是溪流的脆弱的孩子，它们依恋保持着原始形态的溪流，被污染的溪水河流和人工水域中，是见不到它们的影子的。它们就像一些偏爱山水的乡村诗人，永远和城市保持着足够的距离。

正如，大浪坝与所有的城市生活，保持着足够的距离一样。

五

在起伏的山峦间，草甸漫无边际，漫无目的地铺开。

还没被太阳晒干的雨水珠，从草叶，从树叶，从石块上，因为自己的重量而滚落，盲目地摔打成碎片。

无所用心的溪流，弯弯曲曲，没有想过要流向哪里。它们只是这样流着。

然而，一旦你走到了大浪坝的沼泽边缘，一旦你走到了那历经数百年风雨的柳树林里，你就会知道，所有看似没有目的的水，无论是雨水、溪水、露水，只要没被蒸发，没有被一路上的草甸吸收，它们都会流到这里。

这里就像埋着一个巨大的装水的坛子，面上的一层草甸，只是一种装饰，下面深不见底的，是液体状态的泥土，是危险的沼泽。

这一带是非常难得的高原沼泽，哺育多种物种的湿地。在林林总总的动植物中，最值得写到的，是那数十棵倒卧着，同时又充满生机的柳树。

它们的年龄太老了，比这附近的村庄的年龄还老。以至于这附近的山民，无人知道它们的由来。

◆ 大浪坝的古柳树林

◆ 它们伤痕累累的躯干上，长满了各种奇怪的蕨类植物

　　显然，没有消失于人们的刀斧之下，是因为它们处在危险的沼泽之中，也因为它们无所拘束，自由生长，不能为木工所用。

　　一个当地人，小心地把我带进了这片树林。脚下是软软的，令人心里并不踏实。如果不是为了开垦草甸而进行了人为的挖沟排水，让沼泽变得干涸的话，我们是不可能与柳树离得这么近的。

　　当地人告诉我，每年冬天，都会有厚厚的积雪，让柳树们只露出树顶。正因为负载过数百次积雪，它们就像过度劳累的人一样，永远地弯下了身躯。

　　在它们伤痕累累的躯干上，长满了各种奇怪的植物，有的还开着花。柳树宽容地接纳了这些不起眼的古老植物，并把它们带到了空中。它们自己披散四方的枝条上，则挂满了青翠的柳叶。沧桑的树干和新鲜的柳叶，形成了强烈的对比，令人感慨。它们就像一些灵感喷涌的老诗人，年复一年，挥洒着令人惊叹的新鲜诗句。

　　沼泽保护了它们，它们又庇护了其他的生命。我在树林及林中空地，看到空中蝴蝶翩飞蜻蜓来去，地上鲜花盛开，恍如看到一个柳枝编成的奇异王国。在这个王国的中心，甚至还有一个青蛙王子，正鼓着一对大眼睛盯着我。当然，

灌木上栖息着华西雨蛙贡山亚种

它不是王子,说是青蛙都不一定准确。它是一只华西雨蛙,又名华西树蟾,从它的特征和地域来看,它应该是华西雨蛙贡山亚种,和重庆的武陵亚种颇有区别。沼泽和柳树林,隔开了不少天敌,这里正是它的天堂。

我走在它们之间,脚步不由放轻。像一位毕恭毕敬的学生,来到一些德高望重的师长中间那样。

在中国南方,有很多我喜爱的树,但从来没有像它们那样给我震撼。在我诞生很多很多年前,它们就生活着,并且,它们还将长到我永远见不到的遥远的未来岁月里。

我尊敬地望着它们,像望着一些历经乱世的智者。它们既平和又威严,在沉默中有一种令人肃然起敬的力量。

我拍了很多百年柳树的照片。这些照片,被我时时翻出来久久端详。有着共同的岁月,却有着各不相同的身姿,这使它们就像一些性格各不相同的老人。我已经熟悉了它们树干和枝条的形状,能够从任何一个角度,区别出它们之间的不同。

我甚至能回忆出,树林里的那种特别令人沉静的气味。整个大浪坝的草甸,就这样飘浮在我的四周了。

◆ 华西雨蛙贡山亚种

有一个远方叫茂兰

对我来说，远方是一个不稳定的东西，有时是物理的空间的，有时是心理的时间的。就像是视线边缘的星空，有时是这一颗星星亮起来，有时是那一颗亮。还好，每个阶段，始终有这么一个东西值得我想象、琢磨。它是我日常生活的一个时隐时现的远景。

有远景，我们经历着的种种琐碎细节，就像特写的后面，有着充满光晕和斑点的背景，看上去是不是有意思多了？

◆ 在茂兰自然保护区的过渡区寻找燕凤蝶

想起一个事，N 年前，有一个福建女诗友，约我写一首关于鼓浪屿的诗，还说如果我写，她就推荐我参加厦门的诗会，就有可能上鼓浪屿去玩。

◆ 在鼓浪屿上第一次见到鹰爪花　　◆ 在厦门记录植物

哇！这么好玩的事情怎么能错过。我激动得都来不及打开 Word 文档了，直接在 QQ 对话框里，给她敲了一首《鼓浪屿》。然后，再没有消息，也没有人让我去参加什么诗会。

几年后，有个广州诗人在厦门一个诗会现场，拨通了我的手机让我听，说正在朗诵我的《鼓浪屿》，还说不是第一次朗诵这首诗了……于是，我想起我重装过电脑，那首诗已经从我这儿消失了。但是，在远方，在这一个我特别想去的远方，它居然还被朗诵着。

几天后，我从网上把这首诗搜了出来。有个长发美女，在某次诗会上听到这首诗，觉得有点儿意思，就抄上了博客，然后又被重庆一个女编辑转载了（后来，我们还奇迹般地坐在一起喝茶聊天，聊这首诗在重庆与厦门之间、在我们三个之间的旅行，人生实在是太有趣了）。

这首诞生于QQ对话框的诗，就这样回到了我的电脑里。像一个乒乓球，飞向了我向往的远方——鼓浪屿，然后又弹了回来，在我眼前滴溜溜地转动。

这个故事略有曲折。既然都这样曲折了，我把诗先抄一下吧：

鼓浪屿

在海边放一块石头
在石头上，放一些树和小路
我觉得这差不多
就是鼓浪屿

我这样揣摩已经有几年了
因为经常有人在身边说
鼓浪屿

一个想象得太久的地方
我其实也不怎么敢去
怕从偏爱的远方里
再删去一个词
她的石阶，我好像已经坐过
她的安静，有一些锈迹的街
目光茫然的猫
都比较如我之意

最重要的是
站在礁石上
不管我是好人还是坏人
都会有浪花
很多浪花
一圈一圈从空中围过来

发现我要说的重点了吗？并不是所有远方，我都敢去，而且急着去的。我是一个犹豫的人，一个害怕失去的人，特别害怕失去的是想象中的美好。

二

　　贵州荔波的茂兰，就是一个我有点怕因为去了最后失去它的地方。我因为去了最后失去的地方已经够多了，不胜枚举，也不忍枚举。

　　第一次听说它，是在荔波的小七孔，那是十多年前，小七孔的游客还很稀少。

　　和其他游客不同的是，我喜欢拍植物和蝴蝶，而且肯定一边拍，一边说了很多赞美的话，引起了一位当地人的注意。他专门走到我身边说，荔波还有个茂兰，你肯定更喜欢，里面的花草更多，蝴蝶更多，但是，里面没有宾馆，你去了没法住下来。

　　茂兰，茂盛的兰花？

　　我开始了胡思乱想。回来后，从网上搜索茂兰，资料极少，语焉不详。但这个名字却牢牢地记下来了。

　　十年之后，我才把去茂兰作为即将实行的旅行计划。在这犹豫的十年间，我从一个游客变成了一个骨灰级的自然爱好者，一个人在原始森林里面穿行

◆ 阔带宽广蜡蝉

◆ 放踵珂弄蝶

成为最热爱的事情。

　　我掌握的资讯，已经让我深信，茂兰是一个不会让我失望的地方：那里有着茂盛的喀斯特森林。多数喀斯特地貌都是不着泥土的岩石山，由于缺乏营养，山顶都只有灌木和杂草。

　　但是在茂兰，自然破例了，它发明了新的平衡，脆弱而精彩的平衡——不知始于何时的植物群阴差阳错，生存了下来，同时不断用越来越强大的根须，编织出了无数看不见的网，这些网把坚硬的岩石紧紧裹住，落叶、泥土就在网里积累下来，同时保持着水分和营养，支持树林继续扩张、生长。

　　茂兰的喀斯特森林就是这样的例外，这样不可思议的森林，是雨水的无情冲刷与植物的激烈反抗中的一次互相妥协。

　　这样独特的环境里，会有着什么样的动植物？只是静静想一下，都会让我心咚咚跳。

◆ 溪边长满了吊石苣苔

◆ 林荫里，发现著名的九头狮子草

◆ 短序吊灯花

◆ 昆虫生活过的树叶，变化出斑斓的图案

如果我十年前去了茂兰，肯定结果就是包一辆车，用一天时间看看几个景点，然后回荔波休息。那么从风光角度，留下的印象应该还比不上大小七孔的一个普通景区吧。

所以，我相当于是用了十年时间来做去茂兰的知识和经验准备，终于具备了喜欢茂兰的能力。

我用一天时间，从重庆开车到了茂兰。最后一段路，两边是稻田和盆景式的小山，号称中国最美的公路之一。这段路我并没有太减速，我坚持认为最美的公路是西双版纳的思小高速，它是穿行在热带雨林间，至少在南方，那是我最喜欢的公路。

终于，茂兰从一个斑点，一个光晕，逐渐变大，变成交错的天空和山林，充满了我的眼眶。

这并不是我的规划或者安排，一个人和另一个人，一个人和一个地方，究竟以什么方式相遇，属于缘分或者命运。

三

我们的日常生活，充满着各式各样的面孔和事件，像城市里拥挤着的楼房。城市里，最美好的地方，是能眺望远方的高处，是安静的院落。而个人生活中，能眺望风景的高处，可能是一本书、一部电影，而安静的院落，可能是一首诗、一盆多肉植物。

同样，在森林里，最美好的地方，是林中空地，是两片森林之间的溪谷。

林中空地，溪谷，都是森林中看得到天空的地方，是最能发现神奇物种的地方，许多小精灵都喜欢在这样的地方活动。

所以，穿行在茂兰的时候，我停留得最久的，也是类似于这样的地方。

我花了整整一个上午，待在一条溪流的跌水处，湍急的水流突然放慢脚步，甚至形成了浅浅的水潭。这儿很像是河边的渡口，人们可以从这里走到对岸去。

◆ 透顶单脉色蟌交尾

我就坐在它的边上，听水声。

这是一条奇特的溪流，典型的喀斯特地貌造就了让人意想不到的状况，溪水下面是完整的河床一样的岩石，而岩石下面，却是空洞的，容纳着另一条溪水。所以我们只看得见一层溪水，却听得到两股溪水的合唱。

◆ 四斑长腹扇蟌

来自地下的水流，冲撞着岩石，让它变成了一件低沉的乐器。地面的溪水，贴着岩石滚落，发出轻轻的哗哗声。于是，我听到的水声，其实是由中音和低音组成的二重唱。

但这个渡口的听众远不止我一个。

◆ 庆元异翅溪蟌

◆ 方带溪蟌

◆ 黑脉蛱蝶

雄性色螅像直升机一样在溪水上面来来回回巡逻,它既寻找食物,也警觉地保卫着自己的领地。

这时,另一只雄性色螅飞了过来,这一只立即迎上前去,原来,它们的巡逻线路交叉了。没有谁愿意退缩,这里可真是一块风水宝地啊。

我仔细看了看四周,并没有发现雌性色螅。嗯,这场没有女主角的决斗,仍然激烈地开始了。当然,色螅的决斗并不会你死我活,互相撕咬。它们才不会像野蛮的人类那样持剑决斗,血肉横飞呢。它们的决斗,是紧贴着对方轻盈地飞行,看谁飞得优美,飞得持久。

两架微型直升机就在我视野里忽上忽下,优雅地飞行着,这两位真正的绅士,估计比的是体力和耐心。

我对它们的观察并不持久,因为,这段溪流真正的主角登台表演了。

我说的是燕凤蝶,一种和蜻蜓差不多大小的凤蝶,它们是茂兰的主人,稻田上空,泥土路上有水洼的地方,总能看到它们。

◆ 燕凤蝶

黑脉蛱蝶末龄幼虫，马上就要变成蝶蛹了

但是，要轻松欣赏到它们，又不被来往的车辆和行人打扰，还只能在这个渡口，这里潮湿的溪边沙滩，是它们最迷恋的汲水地。

它们飞来了，尾巴像两根黑色的丝带互相缠绕着，从我眼前一遍遍飞过，最后，它们落脚在沙滩上，津津有味地汲起水来。

汲水的同时，它们还会在阳光下表演喷水绝技。

什么？蝴蝶会喷水？

当然，不仅蝴蝶会喷水，蝉也会，我就曾经有一次在林子里，烈日下被一场蝉雨淋遍全身，好在没有什么气味，和雨水差不多。

还是说我待了一上午的那块空地吧，我记录了很多植物、昆虫、鱼和蛙类，肚子饿得咕咕叫了，只好收工往住宿地走。对了，我还为这个地方写了首短诗，最后那一句，很多人都喜欢。因为都喜欢，我签名售书的时候，就老签这一句。

雨林笔记

就像边缘磨损的书
我喜欢无人光顾的小溪，林中空地
喜欢它无穷的闲笔
我喜欢树林像溪水一样经过我
喜欢阳光下，身体发出果肉的气息

我喜欢突如其来的电闪雷鸣
也喜欢雨后，群峰寂静无声
熟悉花朵仿佛旧友重逢
冷僻物种犹如深奥文字
我读得很慢，时光因为无用而令人欣喜

四

说到住宿地，我很得意自己的选择。

我还记得到了那个农家，我不看房间，不看厨房，直接问楼顶可以上去不。农家男主人很困惑地回了句，可以。我直接就上楼顶去了。

上去一看，美死了，这幢楼完全是离开村子，独自插入了森林，楼下是一条便道，直通漏斗森林。当时正值风起，楼房周围的竹林树林一齐摇晃，绿浪起伏，我所在的楼顶，就像是宽阔的甲板一样。

这就是我要的地方，绝佳灯诱处啊。

住在森林里，夜间是不能浪费的，灯诱是非常重要也特别有趣的工作。在面对森林的地方，高高挂起一盏灯，然后就坐下喝茶，等着好玩的昆虫朝着灯光飞来。

我在所住的农家挂了两个晚上的灯，收获不小。我自己比较喜欢的是其中一种螳螂，它头上比一般螳螂多一只角，叫屏顶螳。这样的造型，有点像《封神演义》中的角色。而且，它很善于在镜头面前做各种亮骚的姿势。

◆ 茂兰自然保护区核心区入口

◆ 色锯角蝶角蛉　　　　　　　　◆ 哈氏棘腹蛛

这不是重点，重点是挂灯这件事，和山民交流时，会有很多可爱的回应。

经历了种种回应后，我发现我住宿这家的男主人，算是最沉着的了。

我对他说："我需要在楼顶上挂灯。"

"好。"

"挂灯用的电费，我会折算给你。"

"好。"

非常爽快干脆，什么也不问。感觉是，只要你是客人，你就算要在楼顶上挂一艘航空母舰，那也是可以的。

挂灯到 12 点，我回房休息了一会儿，再上楼顶去，一团漆黑——男主人同样很沉着干脆地把灯关了。

这家人很友善，但是不聊天，上楼下楼碰头时，基本上微笑的脸上同时挂着"我比较忙，不用理我"的表情。

我同时也在物色非住宿地的挂灯地方。

在一个路口，距住宿地三公里左右的地方，发现有一家位置很好，于是上门商量。

聊了几句天气很好的之类后，我转入正题："我可以在你晒坝挂灯不？"

"我有。"他指了指头顶上。

"我需要挂一盏瓦数大的灯，要吸引昆虫过来，我出电费。"

"要挂好久？"他想了很久，才问。

"我没住这，挂到晚上 12 点吧。"

"我这里没有吃的哦，如果你可以吃嫩苞谷，就行。"他严肃地说。

这个问题是很严肃，原来，他是在着急地想，怎么办呢，我没有吃的给这个看上去很饿的人。

另一处农家，路面非常开阔，而他家的楼顶，简直就像这片开阔地的孤岛。太好的地方了。

赶紧停车，上门商量。

家里只有一个年轻的妇人。听完我的请求后，她非常高兴："从来没有搞科研的来我家挂灯，但我见过他们去别的家。"

她的第二句话是："你们有几个人过来吃饭？我没啥好吃的，随便吃点行不？"

天哪，完全享受到 VIP 的待遇。

"谢谢，我们吃过饭才过来的。"

◆ 大斑外斑腿蝗

"哦。"她不置可否地回应了一句。

得到允许后，我们兴高采烈地在屋顶上把灯挂了起来。真是个好地方，灯刚点亮不久，两只锹甲就一前一后飞过来，咚地落到楼板上。

"夹夹虫！"只听到一阵欢呼，不知道从哪里钻出来的一群小孩子就把锹甲紧紧围住了。这些热情的孩子，不仅欢呼，有很多问题要问，他们还承担着另一个任务——代表主人家邀请我们下楼去吃饭。

"我们吃过了。"

一阵脚步之后，楼下传来清脆的童声："他们吃过了。"然后，这个男孩又咚咚地跑上楼顶来，说，喊你们再吃点。

"吃得饱，吃不下了。"

他又咚咚地跑下去传话："他们吃得饱，吃不下了。"

来回几次后，他说我跑不动了。于是换一个人接着跑。

我们和主人居然用这样的方式，聊了十几分钟。

最后，男主人亲自上来了，不由分说拉我们下去喝酒，热情得太令人感动了。

◆ 铁甲

◆ 深夜，在住处不远，发现一只刚羽化的蝉

五

◆ 安氏异春蜓

在茂兰待了近一周，回到重庆后，颇有点不适应。因为再也不能下楼随便逛逛就看到燕凤蝶在飞。它又重新成为远方，成为远景中的美好阴影。

在这个过程中，还是有什么改变了。如果说每个人最喜欢的远方，都是由一些地方连接起来的圆润珠串，那茂兰就从想象中的斑点，变成了一粒结结实实的珠子。

就像西双版纳的野象谷、海南的尖峰岭、广西的花坪那样，茂兰也成为我迷恋的远方，收藏起来的远方。我补上了十年前缺失的一环。再去时，我无须担心，没有什么可失去的，只会有新的发现，新的惊喜。比如茂兰的野生兰花，我上次去只拍到四种，下次去，这个数据会大幅刷新吧。

◆ 线纹鼻蟌

旷野的诗意

一

在我的人生经历中，有两个阶段是和旷野有着密切联系的。

第一个阶段是我的童年。我出生于四川省武胜县，虽说家住县委大院里，院墙却只是一种带刺的灌木，灌木墙有很多稀疏的地方，不只是小孩儿可以钻出去玩，老乡的牛也可以钻进来，到宿舍间的空地上吃草。可想而知，出门就是田野、树林和溪流，我幸运地拥有如此珍贵的孩提时光：可以自由地奔

◆ 在山西花坡记录野花

◆ 柑橘凤蝶

◆ 金凤蝶

◆ 小心地接近一只蝴蝶

跑在旷野里，可以观察草木鱼虫，也可以沉浸在独享一个山谷的自在和孤独中。不知道为什么，我从小就不喜欢同龄人的各种小游戏，自我从集体中放逐出来，喜欢安静读书，喜欢树林和溪流。书籍和旷野有一个共同点，它们都是无限大的容器，能为你展开世界辽阔的一面，有这一面作为背景，你就不会局限在眼前琐碎的人和事中。另外一方面，相比城市里长大的人，我也有更多机会接触农事和贫困的乡村，其实过了很多年我才知道，这样在乡村和旷野里泡着的童年，其实给我的写作提供了一个基调。旷野自带神秘和深邃，而乡村有着缓慢而丰富的哀伤和抒情性，前者让我时时感觉到自我的渺小，后者给了我非常有用的材料，不仅可以用于后来的写作，也可以用于阅读，当我读到俄国和德国的乡村生活时，总是忍不住比较他们的气氛、细节和抒情性上的差异。

另一个阶段是从 2000 年左右开始的，非常奇妙，非常偶然，我突然对蝴蝶产生了浓厚的兴趣，用手里的数码相机拍摄身边的蝴蝶，然后和手里的资料进行比对，到刚刚兴起的互联网论坛上去请教。还记得，我连续拍到的一种黄色的凤蝶，居然查出来三个名字：金凤蝶、柑橘凤蝶、花椒凤蝶。它究竟应该是这三种里面的哪一种呢? 我在电脑上放大了图片，一张一张慢慢研究，终于，外行而笨拙的我发现拍到的原来是两种不同的蝴蝶，然后继续请教专家，发现其中一种原来有两个名字，北方叫花椒凤蝶，而南方叫柑橘凤蝶。这件小事极大地鼓励了我，我开始了更多的拍摄和学习。就是从那个时候开始，我把几乎所有的周末时间，都用在了旷野的考察中。先是蝴蝶，然后迅速扩展到所有昆虫，在后面的田野考察里，又对植物和其他动物同样产生了浓厚的兴趣。这个阶段大概有 7 年。然后我开始了一些主题性的考察，比如热带雨林昆虫、西南山谷的野花等等，有一个大致锁定的目标，考察起来就有连贯性也更有乐趣。近年来，我又尝试锁定一个更小的区域进行系统考察，如曾连续三年对重庆一个山谷的春季野花进行观察，如锁定西双版纳的最后秘境勐海县，不同的季节到同样的地点去记录和研究物种，缩小了范围，更不容易错过精彩的段落。

◆ 2013 年，在青海偶然拍到兰科植物绶草，从此对植物的兴趣倍增

◆ 花坡的翠雀花

　　尽管看起来我和自然科学家们运用的是大致相同的野外考察办法，实际上，区别是很大的。我对分类知识只有有限的兴趣，对新物种新纪录的发现也是这样，和他们不一样的是，我满足于田野考察的体验，旷野里的这些物种，在我眼中特别清晰地展示出生命的奇异和博大，意外的惊喜和震撼会持续出现在考察过程中。当我独自一人穿行在深夜里的雨林中时，这样的惊喜和震撼支持着我，让我变得无所畏惧。宇宙无边无际，但是宇宙最奥妙最神秘的部分就是我们眼前的各种神奇的生命。可能每个人都有他自己独特的超越自我的办法，而我在和自然的相遇中，更能从渺小的自我中挣脱出来，相对没有局限地感知宇宙和生命的深邃和美妙。

◆ 冒着危险，爬到悬崖上，终于拍到山丹（细叶百合）

二

1981年我开始诗歌写作，2000年左右我开始田野考察，其实我的爱好还有很多，但开始了以后没有再中断的就只有这两个。刚开始的时候，我认为它们是独立的两件事情，对于写作来说，田野考察最多也就是增加一些可以利用的题材。我个人的诗歌写作有两个福地，一是自己的书房，二是湖畔。当我背靠着书架，背靠着人类积累的精神天梯的时候，写一首诗很容易。在湖边散步的时候，更是会有无穷无尽的句子涌上来，像湖水拍打湖岸一样，拍打着我。后面这个情形下，我的写作比书房里有更多即兴的东西。但是森林里的穿行，会让我增加很多有意思的笔记，而不是直接增加诗歌的写作。

2011年5月的一天，我和朋友们到了重庆郊外的青龙湖，白天我们环湖而行记录物种，然后就等待着晚上的灯诱。灯诱是利用昆虫的趋光性，守株待兔，等着夜晚里的昆虫自行到灯下报到。坐在灯下，静静地等着那些神秘的小客人，从树梢、旷野里的隐蔽角落飞过来，是一件非常有趣的事情。天色微暗

◆ 在青龙湖拍到的青豹蛱蝶交尾，左雌右雄

时，我和朋友在楼上的阳台喝茶看天，意想不到的是，无边无际的浓雾突然就涌了过来。

　　"看来今天的灯诱不行了。"朋友叹了口气。我却被浓雾中的景象所吸引，心有所动。我顾不得礼貌，把朋友劝离房间，掏出纸和笔就写了起来，一边写一边感觉到和这段时间的其他作品完全不一样。我看到的景象，大自然偶然向我敞开的一切，自行决定了我这首诗的面貌，从而冲破了我自己在那一段时间的写作套路。这首诗就是《青龙湖的黄昏》。

青龙湖的黄昏

　　　是否那样的一天才算是完整的
　　　空气是波浪形的，山在奔涌
　　　树的碎片砸来，我们站立的阳台
　　　仿佛大海中的礁石
　　　衣服成了翅膀
　　　这是奇迹：我们飞着
　　　自己却一无所知

　　　我们闲聊，直到雾气上升
　　　树林相继模糊
　　　一幅巨大的水墨画
　　　我们只是无关紧要的闲笔
　　　那是多好的一个黄昏啊
　　　就像是世界上的第一个黄昏

　　《青龙湖的黄昏》并不是我十分满意的诗，但在我的诗歌写作里，却是一次例外。这次写作促使我重新回顾了十来年的写作，我发现了一条之前没有注意到的线索：十年的田野考察，之前以为只是给我提供题材，其实已经悄悄地改变着我的诗歌的面貌和写作方式，这样的积累一直在进行，到了这首诗，更是让我明显感觉到了一种新鲜的力量——大自然给我所提供的摆脱自己的写作惯性的力量。

不管是书房还是湖畔，能让我之前更容易写出诗来的这两个地方，或许只是写作上的一点癖好，它们和写出来的诗本身并无直接关系。而从2011年开始，我找到了可以背靠的另一个天梯，就是持续给我惊喜和震撼的大自然。我发现，大自然不只是一个更容易写出诗的环境，它能直接给我丰富的启发，甚至，刷新我的造句方式。我的田野考察和诗歌写作的两条线索，终于交织在一起：诗人的角色让我的田野考察更注重自我的体验和发现；常年行走在旷野，又让我更能接近原始的朴素的诗意。

◆ 清晨的青龙湖

2016年7月，我参加了一次诗刊社组织的采风活动，有机会去到向往已久的甘南草原。7月正是观赏草原野花的极佳时节，我近乎疯狂地利用一切时间

◆ 甘青铁线莲

◆ 扭旋马先蒿

观察和拍摄野花，短短几天，就记录了30多种，很多都是第一次看见。有一天，我们来到了玛曲，来到黄河第一湾，一个人走在草丛深处的我，不知不觉地从野花中抬起头来，慢慢地看着眼前的水流，它正优雅而柔顺地转弯，在大地上画出一条弧线来。我看得呆了，这条弧线是我见过的最美妙的弧线吧。我情不自禁地想，这样宁静、伟大的弧线，如果能成为一首诗的结构，那一定很不错。后来我们离开河边，参观了寺庙。寺庙前面的草地开着一种我没见过的马先蒿，它的每朵花都戴着一个像小小漩涡的帽子。我爱死这小帽子了，后来我查到它的名字，叫扭旋马先蒿，一种中国独有的野花儿，甘南草原正是它们的家园。我又情不自禁地想，这样美妙的小帽子，如果能成为一首诗的结构，也应该很不错呀。

　　当天晚上，我有点儿轻微的高山反应，还觉得有点奇怪。再想一想就明白了，起得早，早餐前就跑到酒店后面的山坡上拍野花，然后一整天没消停，有这点反应是正常的。我打起精神，从背包里取出纸笔，画了一条弧线，又画了一顶漩涡一样的小帽子，然后闭着眼睛倒在床上。几乎是同时，两首诗就想好了。我坐起来，晕乎乎地把它们写完。写得太快太顺手，我反而有点担心，直到两个月之后，发现还是没有找到要修改的地方，于是定稿。

玛曲

我来的时候，黄河正尝试着
转人生的第一个弯
第一次顺从，还要在顺从中继续向东
这优美的曲线其实有着忍耐
也有着撕裂，另一条看不见的黄河
溢出了曲线，大地上的弯曲越谦卑
它就越无所顾忌
它流过了树梢、天空、开满马先蒿的寺庙
流过了低头走路的我
它们加起来，才是真正的黄河
可以谦卑顺从，也可以骄傲狂奔
只要它愿意，万物
不过是它奔涌的河床

◆ 在黄河第一湾

黄河边

一切就这样静静流过
云朵和村庄平躺在水面上

像一个渺小的时刻，我坐下
在无边无际的光阴里

悲伤涌上来，不由自主的
有什么经过我，流向了别处

每一个活着的都是漩涡，比如马先蒿
它们甚至带着旋转形成的尾巴

蝴蝶、云雀是多么灵巧的
我是多么笨拙的，漩涡

有一个世界在我的上面旋转，它必须经过我
才能到达想去的地方

◆ 求欢的绢粉蝶

◆ 斜鳞蛇

　　有一次我去四川小凉山地区采风，同行的有著名诗人张新泉，我们在山道上缓缓走着，他很有兴趣地看我拍摄路边的野花、青蛙，不时聊上一两句。突然，我在草丛中发现了一条蛇，然后悄悄靠近观察和拍摄，我们两个没说话，但还是惊动了它。蛇迅速地溜走了，溜出一条好看的曲线来。我赞叹了一句，蛇行的线路真是好看。我又对张新泉先生说，用蛇行的曲线来写一首诗，应该很有意思。当天晚上我就真写了，尝试让一首诗获得蛇形向前的力量。

　　如此戏剧性的案例还有一些，但更多的时候，旷野带来的影响是潜在的隐蔽的，并不作用于写作的制式，如果不是写作者自己，可能感觉不到这种和全新诗意的意外遭遇。而每一次，我都感觉自己既有的写作模式必须改变，才能够匹配在旷野的此时此刻所感觉到的东西，它给我如此之大的压力，不管是结构、造句，还是用词的细节，所有的一切，都必须为眼前的写作而弯曲，甚至突如其来地进化。

◆ 在迭部拍到锦瑟蛱蝶

三

　　我的文学启蒙来自童年接触到的唐诗宋词，中国古典文学是一笔巨大的遗产，至今仍滋养着我们。但是我的诗歌写作，却是就读重庆大学接触到德语诗人里尔克的作品才开始的。我的很大一部分写作，是把自己和自己的内心，当成急剧变化的时代的探测器甚至试纸。这不仅是一个写作者的责任，也是推动写作变化和前进的动力。

　　在这样的工作中，中国古典文学的影响是相对微弱的，看起来就像是一个模糊的背景。我个人的写作和它之间似乎有一个缝隙。当我独自穿行在海南岛的尖峰岭午夜的丛林深处，当我在云南勐海县勐阿管护站的瞭望塔上俯视群山，总是思绪纷飞，其中一缕就是感觉到那个缝隙其实非常巨大，因为我面对的无边景象就处在这个缝隙里。

　　是的，多数时候，当我们谈到自然，其实谈的是我们从书本上接受的关于自然的知识（包含着很多神秘和未知的自然蜷缩在这些概念里），或者，谈的是城市及周边被圈养、修饰甚至根据人们需要格式化过后的自然。真正的自然似乎在地球上步步后退，再过几百年，地球上是否还有真正的旷野？

◆ 我拍野花的时候，有一只野兔就在身边活动，对我完全没有警惕

◆ 水毛茛

　　而对于古代诗人来说，城市和村庄只是大自然边缘的点缀，时代变化很慢，宇宙亘古不变，他们的诗歌更多得到自然的滋养。除去文明的进展，特别是科学的发展，我们之间还有一个很大的区别，就是自然的萎缩。孕育诗歌的温床不一样，解读诗歌的背景也不一样。我们丧失了对自然的敬畏，或许，也部分丧失了在自然中获取启发和想象力的能力。

　　在我看来，自然不仅仅是指地球上的海洋和荒野，还包括我们的天空，天空上的星月、银河……以及，整个宇宙。这无比浩大的自然中，有宇宙自身的大小法则，有古人所说的道，有无穷多个可能是互相嵌套在一起的世

◆ 茶藨子，只有在彻底断水的情况下，我才会食用，它致命的酸足以让我一个小时感觉不到干渴

◆ 野草莓，我最喜欢把它夹在馒头里吃

界。在宏大的宇宙法则中，人类漫长而灿烂的文明不过是微小的斑点。我们的写作背景，还只能是我们的城市和历史吗？这无限的自然，理所当然地也应该成为永远悬挂在我们思考和写作中的背景，成为我们写作时背靠的永恒天梯。

即使是地球上尚存的自然，对于个人来，也是浩大无边的，但是因为我们个人经历和活动的范围的局限，似乎离我们的生活很远，离我们的写作也很远。我去过南海两次，也曾乘坐冲锋舟从一个岛到另一个岛。被蓝色的大海、美丽的珊瑚礁所震惊和感动的同时，我不得不面对我们写作的一个空白。不仅仅是诗歌，整个中国的海洋文学还处在起步阶段，而海洋占地球面积的71.8%。从我个人的阅读来看，其实中国的自然文学整体同样处在起步阶段，巨大的空白等待着拓荒。

诗歌除了见证时代，见证人间，还有责任见证地球上尚存的自然。诗歌的见证和科学的见证是不一样的。在我的眼里，大自然中的每一个生命个体，既短暂而卑微，同时也尊贵无比。活着的生命是不能被简化、归纳的，甚至所有的知识都无法阐述一个简单生命的完整性。文学能够见证生命在所有知识之外的丰盈和自足，见证大自然超出我们想象力的细节。反过来，自然作为一个重要的资源，会启发我们写出全新的作品。

◆ 水毛茛

◆ 在尖峰岭，发现极为珍稀的豹眼蝶，我国独有

对我个人而言，在旷野行走得越久，对生命和写作的依恋就更炽热。有时候，旷野让我重新回到古老的抒情方式里；有时候，旷野又让我放弃抒情，沉浸在自我的审视和衡量中。在写作中放弃抒情，其实是一种更谦卑的方式，只有这样，才可能接近深邃的真实。

　　没有自然为背景的写作，可能同样犀利，但总是不完整的。每个人的内心都是一个充满无限可能性的容器，但事实上，即使连勇敢的写作者，也常常局限在很小的存在中。我时时有这样的恐惧，觉得自己错过了很多，最终孤悬在无边的时光之外。但是，当我走在旷野中，当我把壮丽的自然也放在内心里衡量时，我能感觉到某种心安和完整，就像回到故乡那样。

◆ 海南岛尖峰岭，我曾 20 多次深夜踏上这条步道

◆ 这条步道上的有些藤蔓和树木，我都熟悉了，每次再去时，看着就亲切